千里之行

启程用户体验设计之路

李煜佳 编著

人民邮电出版社
北京

图书在版编目（CIP）数据

千里之行 : 启程用户体验设计之路 / 李煜佳编著. -- 北京 : 人民邮电出版社, 2017.4
ISBN 978-7-115-44351-9

Ⅰ. ①千… Ⅱ. ①李… Ⅲ. ①人机界面－产品设计 Ⅳ. ①TP11

中国版本图书馆CIP数据核字(2017)第016854号

内 容 提 要

在这个体验为王的时代，用户体验成为评判产品好坏的一个标准。用户体验是一个新的行业，目前在国内正处于发展阶段，用户体验设计走向成熟化需要广大设计师的共同努力。如今，已经有越来越多的人投身到用户体验设计的研究与探索中，相信在不久的将来，体验设计将日趋完善。

本书分为 5 章，从用户体验概念、体验设计流程、体验设计内容、提升用户体验和探索用户体验 5 个方面介绍体验设计相关的概念与方法。本书用平直简单的文字结合生动的图例去表达相对复杂的原则或方法，带领读者快速入门体验设计。

本书适合初、中级产品经理、交互设计师、UI 设计师、动效设计师、开发工程师及相关从业者学习使用，也适合体验设计相关专业的学生和爱好者阅读。

◆ 编　　著　李煜佳
责任编辑　张丹阳
责任印制　陈　犇

◆ 人民邮电出版社出版发行　　北京市丰台区成寿寺路 11 号
邮编　100164　　电子邮件　315@ptpress.com.cn
网址　http://www.ptpress.com.cn
北京瑞禾彩色印刷有限公司印刷

◆ 开本：690 × 970　1/16
印张：12.25
字数：268 千字　　2017 年 4 月第 1 版
印数：1 – 3 000 册　　2017 年 4 月北京第 1 次印刷

定价：59.00 元

读者服务热线：(010)81055410　印装质量热线：(010)81055316
反盗版热线：(010)81055315

序
PREFACE

体验，一个被认为是无形的事物，却有形地存在于每个人的心中。

当人们为了获得一份更好的体验，愿意付出更高的费用时，体验经济时代已经来临。1970年，著名未来学家Alivin Toffler 在《未来的冲击》一书中描述过“体验经济”，他认为服务经济的下一步是走向体验经济，商家将靠提供体验服务取胜，未来的生产者将是制造体验的人，体验制造商将成为经济的基本支柱之一。1998年，美国俄亥俄州战略地平线顾问公司的共同创始人约瑟夫·派恩二世(Joseph pine II)与詹姆斯·吉尔摩(James H. Gilmroe) 在美国《哈佛商业评论》7~8月刊上发表的文章“体验经济时代的来临”，震动了经济界的研究者与实践者，他们1999年出版的著作《体验经济》更是系统地描述了体验经济的内涵：体验经济是继农业经济、工业经济和服务经济之后的第四种经济形式。工业时代取代农业时代，通过标准化、批量化的生产，满足了人们日常使用产品的需求；服务时代，人们除了关注产品的功能外，还注重使用产品时享受的便捷性等问题。当人们不满足于毫无个性的服务时，开始期待更多情感与个性化的服务，便是“体验”需求的诞生。

正如美国学者沃尔夫在《娱乐经济》一书中所说，“人们从购买有形消费品到花钱买感觉”。Craig M. Vogel教授在其《创新设计，如何打造赢得用户的产品、服务与商业模式》一书中提到：“现在，消费者正在超越简单的服务，迈向体验式购买。体验正影响着经济秩序的重新制定，我们可以说，顾客对体验的需求是市场和社会进化的一部分；也可以说，体验需求的出现是人们生活价值观改变的表现。”

互联网的飞速发展，给人们的生活带来更多美好体验的可能。一时间，“用户体验”（User Experience，简称UX)这个词出现在所有的设计门类中，尤其以互联网产品为代表。几乎在所有的互联网产品中，除了满足功能需求、商业模式设计外，被强调得最多的便是“用户在使用产品过程中体验的好坏”问题。用户体验的好坏不单指用户使用产品时是否顺利和流畅，还包括是否超越预期、过程是否愉悦、是否留下美好的记忆等问题。

本书作者的教育背景是交互设计，用户体验设计恰好是交互设计的重要内容之一。作者结合自己多年来对互联网产品的理解和实践经验，从交互设计出发，结合心理学、认知学等知识，通过实例讲述，列举和总结了用户体验设计的诸多方法和工具，对一些用户体验中常见的问题提出解决方法。

在“互联网＋”的时代背景下，在创新和创业成为日益普遍的现象时，掌握良好的用户体验设计方法，对于每一个设计师来说都是必要的技能和知识储备。《千里之行 启程用户体验设计之路》这本书对于交互设计和用户体验设计的初学者来说，是一本不错的指导性图书。

我预祝煜佳的这本书受到广大设计师的欢迎。

安娃
广州美术学院交互设计工作室教师、国际体验设计协会委员
2017年1月

推荐

RECOMMEND

本书运用极具亲和力的语言，结合生活中真实的案例，为读者逐层揭开用户体验的“神秘面纱”。讲解清晰，图例生动，本书处处包含着作者对用户体验的思考和专业的态度，感谢作者真诚的分享。

——刘伟博士，同济大学设计创意学院助理教授、UXD研究室主任、
世界华人华侨人机交互协会理事，积极推动用户体验和体感交互设计的科研与教学

这是一本体验设计的“速查手册”，从概念到方法及工具，都可以通过书中简洁的文字和图示得到快速了解。正如书名所述，带上它启程吧。

——林敏，前三星研究院用户体验部负责人、广州美术学院教授

体验是一种主观感受，决定了针对它的设计很多时候是一种倾向性的选择，而不是一种绝对性的对与错，这就使得我们学习和了解它时并不是那么的具象。入门时首先考验你的观察能力和对细节的敏感程度，这本书通过对背后理论依据的讲解，同时引入对比示例，可以细致清楚地让你感受到设计在体验细节上的敏感差别，逐步培养起对体验的关注角度和思维方式。

——尹广磊，Axure中文社区创始人

“互联网+”风口影响的不止是电商、金融、教育、服务等领域的转型，它也在潜移默化中改变着用户的使用偏好和心理需求。用户体验在这一过程中成为增加产品创新力和竞争力的重要因素，本书以此为切入点，结合现有的典型产品，深入浅出地进行论述，包含了非常丰富、系统的体验设计原则及方法论，十分值得交互体验初学者阅读。

——朱佳明，faceui体验创新总监

推荐

RECOMMEND

“用户体验设计”的概念，是John Dewey于1931年在他的著作*Art as Experience*中首次提出的。然而，国内外的用户体验设计发展却是2000年之后的事。互联网、智能设备的发展提供了很好的技术基础，让用户的体验得到完整的设计与规划，并且可以具体落地。当时，科技行业对用户体验设计的需求得到前所未有的爆发；同时，很多年轻人对从事用户体验设计工作很感兴趣，他们希望赶上这班高速行驶的列车。

以上情况及其因果发展，也只是过去十几年里发生的事情。所谓“十年树木，百年树人”，教育工作并不像科技行业或互联网行业，它的发展是渐进式的、比较缓慢的过程。一个互联网产品的版本可以在一个月之内完成，但一个学生的本科教育却要经历四年之久。回想2006年的时候，国内的用户体验设计教育可以说是比较荒芜的，不仅是国内，国外的教育界也普遍对用户体验设计的教育工作反应迟钝。因为，教师们仍然在学习和探索什么是体验设计，知识经验从何而来，勉强要求这些老师去指导学生，这是不负责任的做法。

十年过去了，这种情况已经慢慢得到改善。通过经验积累、海归交流、互联网传播等方式，目前已有部分高校能够提供一些与体验设计相关的教学科目。

然而，由行业需求再往教育方向发展，其中一个重要的知识传承途径，就是由业内人士著书立说，把自己实践的经验，以图书作为载体分享出去。这种方式的难点在于作者需要有耐心与诚意。时至今日，“出书”已经不是一件在物质上很有吸引力的事情，在百忙之中抽出时间理清思路，把自己的经验写下来，再进行整理编辑，这是一件出力不讨好的事情。

很高兴在自己之前的讲座上认识李煜佳同学，他利用工作之余的时间，把自己从业多年的经验和心得整理出来，给希望赶上用户体验时代的同学们提供一个由浅入深的学习范本，让大家更容易明白什么是用户体验、如何执行设计的工作等。在此，诚意向大家推荐李煜佳同学的《千里之行 启程用户体验设计之路》。

——陈迪凡，一位从业20年的设计工作者

推荐

RECOMMEND

体验设计已成为当代设计发展的热点。以互联网为基因的体验设计，为“80后”“90后”的年轻设计师提供了前所未有的成长机遇。敏于行，是体验设计开放式动态发展的最大特性，所有的践行者都在以自身的视角与感悟，丰富着这个崭新的设计产业的知识体系与案例宝库。

我惊喜地看到广州美术学院工业设计学院毕业的李煜佳能在任职交互设计师的工作中，持续地思考与总结对体验设计理念、方法、工具与应用之道的认知，并进行优化与升华，汇集编写了《千里之行 启程用户体验设计之路》一书，用年轻人的语境，零距离地与准备进入体验设计产业的新人分享自己的感悟。

唤醒创造力，大家一起上路，是这本书的目的所在。

——童慧明，广州美术学院教授

在“UX”毫无疑问地已经成为时下热门的互联网词语之一的背景下，煜佳用他自己的实践经历和对UX的理解，通过生动有趣的方式给初入行者系统而完整地讲解了UX的方法与概念。对所有刚刚加入或正在涌入UX行业的初学者们来说，这是一本非常合时宜的书。

——黄峰，唐硕体验创新咨询创始人&首席体验官、UXPA中国共同创始人&前主席

交互设计在中国的发展大约已有十年的历程，时至今日，“交互设计”已经成为行业内的热点词汇。然而，在业内仍然鲜有设计师、研究者能比较系统地阐述交互设计的概念，更遑论深入浅出地结合实战案例把偌大的交互设计范畴及其与相关的学科间千丝万缕的关系一一分析透彻，进而为我们的交互学习和研究提供清晰可循的路径。煜佳编撰的这本《千里之行 启程用户体验设计之路》就是遵循这个路径展开的佳作。阅读这本书，可以让你在实践案例的引导下快速明晰地掌握交互设计学科的相关概念、范畴和构成，同时也会为你开启一扇探索交互设计领域的“方便之门”。

——刘毅，广州美术学院副教授、交互设计工作室负责人

商业的繁荣，缔造了这个体验为王的时代，而在互联网的深处，更是有一群人在研究和探索着用户体验设计。煜佳在这本书里用易懂的语言，系统地阐述了用户体验设计的各个环节，用一幅幅极富阅读体验的插图把它们贯穿起来，是轻松的，令人愉悦的，富有情感化的，是为每个人写的体验之书。如果你想了解体验设计，如果你想加入到这个队伍里，就从阅读这本书开始吧。

——董景博，UI中国创始人&CEO

目录

CONTENTS

目录

CONTENTS

神秘的用户体验

1.1 揭开用户体验的面纱

1.1.1 认识用户体验

“用户体验”在目前已经是一个耳熟能详的词语，但是每个人对用户体验的解读并不一样。我曾问过身边的朋友如何理解用户体验，得到的说法各异。因为他们并非从事用户体验设计的相关工作，他们代表的是消费者的想法。那么，用户体验设计师对用户体验的理解和消费者的理解是一样的吗?

1. 用户体验与用户体验设计

用户体验是我们的主观感受，由于每个人的背景和喜好不同，对同一产品的体验感受也各不相同。用户体验是用户感受产品的过程。在此之前，我们可以通过设计使用户的感受过程变得更加美好，这就是用户体验设计。通过下面经典的图例，可以看出用户体验设计是一门综合交叉的学科，需要多方面知识的结合。互联网行业中与用户体验设计相关的工作职位有：用户研究、交互设计、视觉设计、动效设计和前端开发等。当然有些互联网公司并没有细分这些工作职位，如谷歌将这些统称为用户体验设计师。

2. 用户体验如何设计

用户体验设计不仅是设计“物”本身，还涉及很多与“物”相关的内容。用户体验设计以用户为基础，需要了解目标用户的背景，如所在地区的文化、宗教信仰、行为认知、风俗习惯等；还要考虑用户与“物”在不同物理环境下可能发生的情景。因此，优秀的用户体验设计应该以用户为基础，尽可能满足不同用户在不同情况下的使用需求，为用户创造一个完美的享受过程。

3. 组成用户体验的5要素

这个经典的图例来自于《用户体验要素》[1]，说明了构成用户体验从上往下、层层递进的5个要素的关系。以网站为例，用户接触到的第一层是表现层，即视觉效果和用户的视觉感受。第二层是框架层，即网站界面的框架布局和导航方式等。第三层是结构层，就是网站的信息架构，它规定了页面间的跳转关系、操作流程等。第四层是范围层，即网站的功能特性，也就是网站所能提供的服务内容。第五层是战略层，是网站经营者的目的和用户使用网站的目的，并非所有网站都有商业目标，但一定会有用户目标。

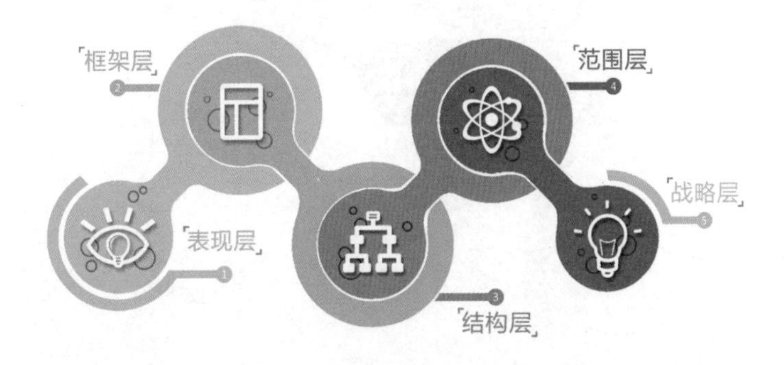

[1]（美）Jesse James Garrett.用户体验要素.范晓燕译.北京：机械工业出版社.

4. 量化用户体验设计

不管是产品经理、开发工程师，还是体验设计师，由于每个人的职业背景和喜好不同，对于同一款产品的体验评判标准也都各不相同。体验产品研发过程中，团队人员难免会产生分歧，所以用户体验设计需要可量化的标准，需要一个客观测量工具进行审核评判。以此提供实际的理论依据，而不是个人的主观意见，如此一来，体验设计将变得更具可信度。

目前，业界中用户体验暂无唯一的评判规则，根据产品或公司的性质不同会有所区别，如谷歌的用户体验指标衡量方案，HEART、Facebook产品设计五维原则及评审规则等。比较主流的可量化通用标准有以下两个。

- **用户体验要素蜂窝图**

由信息架构师Peter Morville编制的用户体验要素蜂窝图，提出了用户体验组成的元素有以下7个。

可用性：产品最基础的能不能用的问题。

有用性：产品对用户来讲是否有意义。

易查找：元素是否过于隐藏或者在需要的时候没有及时出现。

可获得性：产品应当能让全部用户所获得，包括残障人士。

满意度：满足用户的情感体验，给用户带来愉悦。

可靠性：能够让用户信赖，特别是安全性问题。

价值性：创造者与用户的价值平衡。

- **用户体验4元素**

这一图例中作者认为用户体验是由品牌、可用性、功能和内容4元素组成的。值得注意的是，这里的“可用性”与前面用户体验要素蜂窝图中的“可用性”不一样，这里的“可用性”是指用户使用产品来达成他目标的难易度，用户容易达成目标则可用性好，反之则可用性差。根据这4个维度构成一个4象限图，把各个维度展开成具体的描述和参数，进行用户测试。得到的数据在4象限图中就可以看出产品用户体验的偏向情况。

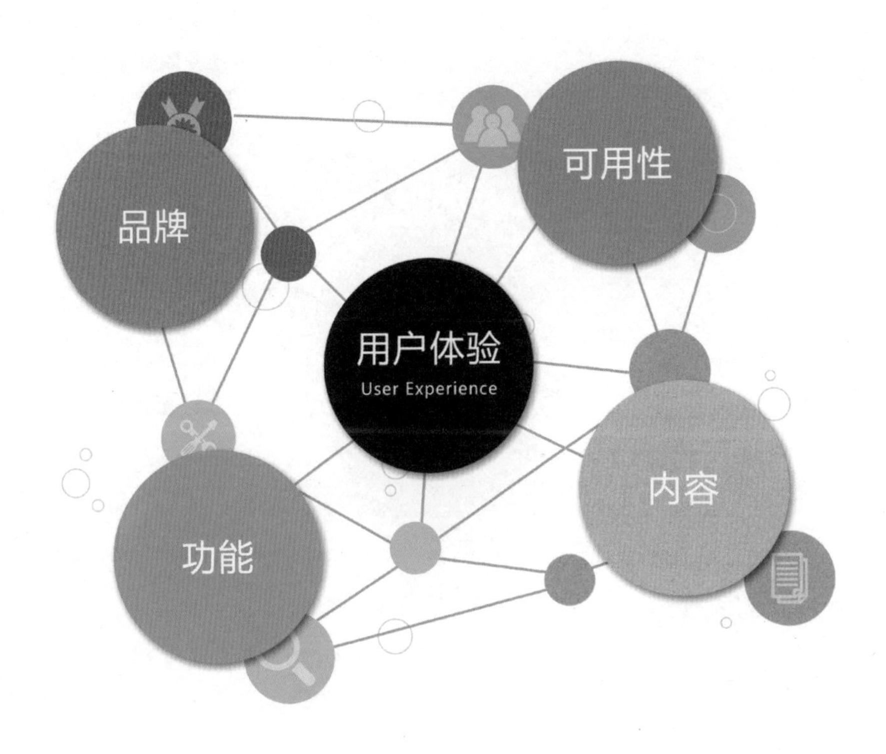

“以人为本，以用户为中心”是用户体验设计的核心导向。用户体验的最大阻碍是商业目标，在设计之初一定要权衡两者的比重。如网站，大量地投放广告可能会带来经济利益的提升，但会大大影响用户的使用感受，造成用户流失。

最后，用户体验不是一成不变的，它也随着时间和环境改变着，我们应该用超前的眼光看待用户体验，思考它将会发生的变化。

1.1.2 交互设计是用户体验的灵魂

对于交互设计，用一两句话难以表达清楚。因为交互设计不像工业设计、视觉设计或其他设计类那么直观可见。交互设计属于界面设计范畴，是界面操作背后的逻辑思维。从事交互设计工作的设计师分别来自工业设计、计算机、心理学等不同背景，这也让交互设计有了更多的可能性。

1. 认识交互设计

通过下面这个经典的图例，可以看出交互设计并不是单独存在的，而是一门多个理论知识交叉的学科。简单地说，交互设计是在定义一个系统或人造物品的行为方式。我们常见的网页、手机应用只是它的一种存在形式，而它的存在形式不局限于互联网领域。作为初学者，需要先了解这个概念，并在每个阶段都要有自己对交互设计的理解与考虑。

2. 交互设计的表现

交互设计可以分为显性和隐性。隐性指的是用户不能直观看到，需要通过使用操作才能感受到的设计，反之则为显性交互设计。例如，用户能直观看到的界面框架布局和交互控件就是显性的交互设计，而结构层、页面的跳转关系，以及手势操作或其他行为动作触发的交互行为，均属于隐性的交互设计。以苹果手机iOS系统为例，屏幕左边向右滑动是返回操作、双击状态栏返回顶部，这些都属于隐性的交互设计。

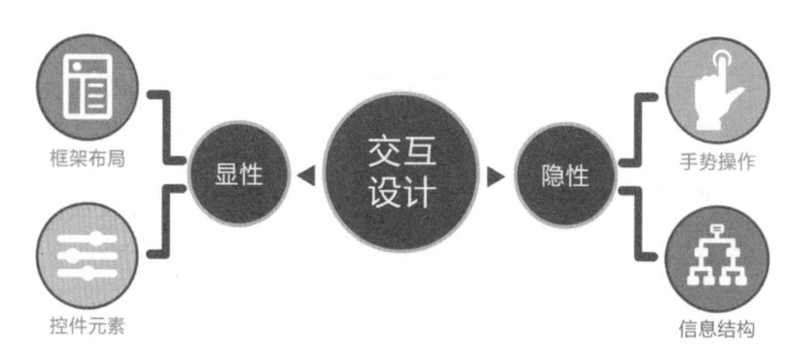

3. 交互设计的作用

交互设计是用户体验的灵魂所在。产品好不好看是视觉设计需要解决的问题，产品好不好用则是交互设计需要解决的问题，交互设计的优劣很大程度地影响着产品的用户体验。没有交互设计的产品可能会偏离用户的认知范围，违背用户的行为习惯，导致产品的体验非常糟糕。简单来讲，交互设计就是帮助用户高效完成某个任务，从而让用户快速达到自己的目标，并在过程中感到愉悦。

当然，交互设计除了“以用户为中心”之外，还要考虑商业目标与用户价值之间的关系，权衡两者的比重，做出最适合的解决方案。不可能为了商业目标牺牲所有的用户体验，反之也不成立。交互设计就是要综合各方面的因素，采用最适合的解决方案，使消费者与商家达到双赢的状态。

未来的交互设计可能会发展到其他载体上，不仅仅只是运用在电子屏幕上。交互设计作为一门综合性的学科，要求交互设计师应该广泛摄取其他方面的知识，建立全方位的理论体系，与时俱进，不断地学习新知识。

1.1.3 无处不在的用户体验

用户体验并不是互联网的专属名词，它并不只是围绕着数字网络。其实，在人们的日常生活中用户体验无处不在，如吃一顿饭、看一次电影、购一次物等，这些生活中最简单的事情也有我们的体验感受，其中体验的好与差会让我们对商家、产品或服务的评价产生天壤之别。

1. 身边的用户体验

生活中好的用户体验很多，但不好的体验我们会牢记在心，因为它让我们感到懊恼。例如，公交站牌写着10分钟一趟车，却苦等了30分钟。家里用的电线插排，因为插排间距太小无法插入多个插头。电脑上的USB数据线经常插反。在公共厕所，不知道水龙头的开关是自动感应出水还是手动开关。电脑无缘故的蓝屏，既无征兆也不提供解决办法。这些不好的体验都有一个共性，就是它不符合我们的认知、不符合我们的行为习惯，简单地说就是违背了我们的预期效果。

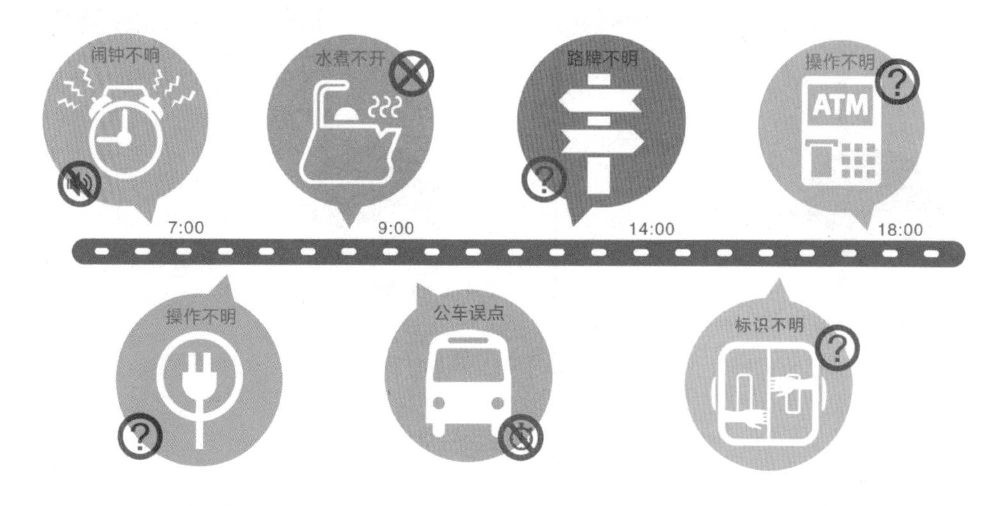

2. 企业专注产品体验

现如今的产品或服务，单从功能上已经远远不能满足用户的需求了。企业意识到在产品功能同质化的今天，必须转变传统观念，打造全方位的用户体验。用户体验是一个给企业注入新活力的必需品，用户体验设计可以帮助企业去审视产品与服务。用户体验是一个理念，需要调动全员参与，不仅仅只是体验设计师的工作。想想我们去苹果专卖店的情景，整个苹果体验店都是自由的，我们可以在那里玩各种设备、上网、听歌、玩游戏等。当需要寻求帮助时，用一个动作甚至一个眼神，旁边的工作人员就会马上过来解决你的疑问。再想想去其他商店购物是什么情景，一进门就有工作人员不断地询问你需要什么，不断地给你推销产品，让你感到坐立不安。所以现在的商家不仅要在产品的体验上下工夫，更要从每一处与消费者相关的细节上下工夫，从消费者的心理感受出发去营造一个最佳的体验环境。

3. 观察生活与用户

用户体验无处不在，作为设计师要比普通用户更加关注和感受生活，洞察生活上糟糕体验背后的缘由，设计上才能真正地解决用户的痛点。设计之初的头脑风暴仅仅靠想象是远远不够的，头脑风暴是需要建立在实际生活的基础上，找到更优秀、更创新的解决方案，而不是仅凭想象力。此外，还要观察用户。因为很多时候设计师不是用户，设计师容易站在自己的角度思考问题，设计师的思维方式与普通用户截然不同。如果设计师经常把自己当作普通用户，就会忽略用户的真正需求和想法。

体验设计来源于生活，也终将回归于生活。如果你也发现生活中存在一些不友好的体验问题，那么你也可以针对这些痛点问题，把它们转化为设计需求，设计出新的解决方案，提供更好的服务给用户。

1.1.4 用户体验为何如此火爆

1. 用户体验是产品的未来趋势

如今，仅靠技术功能的革新已经远远满足不了广大用户的需求。在十几年前，电子产品主要以技术和功能驱动消费，如红外线技术、蓝牙技术、三轴感应等。而现在，对一款智能产品，我们不会过多讨论它的功能，反而很注重使用体验，从生理感官和心理感受去评判一款新产品。

现在的技术已经不再是一个高门槛，当技术不是产品核心竞争力的时候，企业就慢慢把目光转移到用户体验上去。试图从软件和硬件上把用户体验渗透到产品的每个环节中，全方位打造用户体验，给用户带来耳目一新的感受。

2. 以用户为中心的时代

在互联网行业的影响下，许多传统的商家也开始注重用户体验与服务，注重与用户的交流。特别是在“互联网+”概念的提出后，用户体验成为了各个行业一个新的方向标。

商家鼓励用户到店里参与产品互动，亲身体验产品。让产品变得更亲民，不像以前摆在高高的橱窗里，显出一种“可远观而不可亵玩”的冰冷感觉。用户通过亲身体验产品，获得产品的真实性，感受商家专业性的服务，从而让用户建立起对产品、对品牌乃至对商家的信任。另外，商家通过这种用户参与的方式，让产品接近用户，得到用户的反馈，也是为打造更完善的产品提供一个强有力的需求来源。

3. 用户体验塑造品牌

在以前，企业对外的形象只有一个门户网站，现在的企业有官方网站、客户端应用、社交公众号、博客和论坛等等渠道。通过这些渠道企业可以直接接触用户，为用户提供帮助和其他服务，通过一系列体验和服务来塑造自己的品牌形象。

小米公司注重用户参与，所以在粉丝效应中成长了起来。起初它还未形成一个品牌，但用户相信小米产品，所以认可了小米品牌。其实没有恒定地喜欢一个品牌的消费者，今天我们都使用苹果手机，明天出来一个重新定义手机行业的新手机，消费者不会在乎这部手机是否有品牌，而是关心手机的体验价值和所带来的服务。

4. 用户体验提升幸福感

用户体验是一种主观性的感受，是用户感知产品、感受产品价值的互动过程。甚至让用户觉得他使用的产品不是一款产品，而是一种媒介，可以透过该媒介感受到设计者所传达的文化内涵。不同地域的用户，对产品有着不同的要求，而用户体验能满足用户的基本需求和精神需求，从而提升幸福感。

5. 用户体验的实际作用

人人都在讨论用户体验，不是因为流行，而是因为用户体验设计可以解决产品中遇到的问题，可以降低风险和节约成本。

产品上线之后，发现错误进行修改的成本是巨大的，因为既要保证上线的产品正常运营，又要在短时间内从设计到开发进行修改。那么如何才能尽量避免发生这样的情况呢？在新产品或新功能上线之前，可以用体验设计的方法提前为产品试水，如可用性测试，通过目标用户使用产品原型，了解用户的期望与想法。除了用户测试，还有数据分析法，挖掘用户的潜在需求，结合项目的实际情况进行设计，从而降低产品失败的风险，也节约了上线后的维护成本。

1.2 互联网与用户体验

1.2.1 “互联网+”下的用户体验

互联网是一个大家早已耳熟能详的名词。而“互联网+”这个词语，近年来也在生活中被人们经常提及。那么“互联网+”到底是什么，对我们有什么影响？这是我们首要关注的问题。其次，用户体验在“互联网+”时代下是怎样的，它能给企业带来什么价值？这是本小节探索的两个问题。

1. 认识“互联网+”

“互联网+”就是“互联网+各个传统行业”，利用互联网平台，让互联网与传统行业进行深度结合，形成新的发展生态。“互联网＋”是一种新的社会形态，它充分发挥互联网的作用，将互联网的优势融合于金融、教育等社会各领域之中，形成更广泛的以互联网为基础的新服务理念。

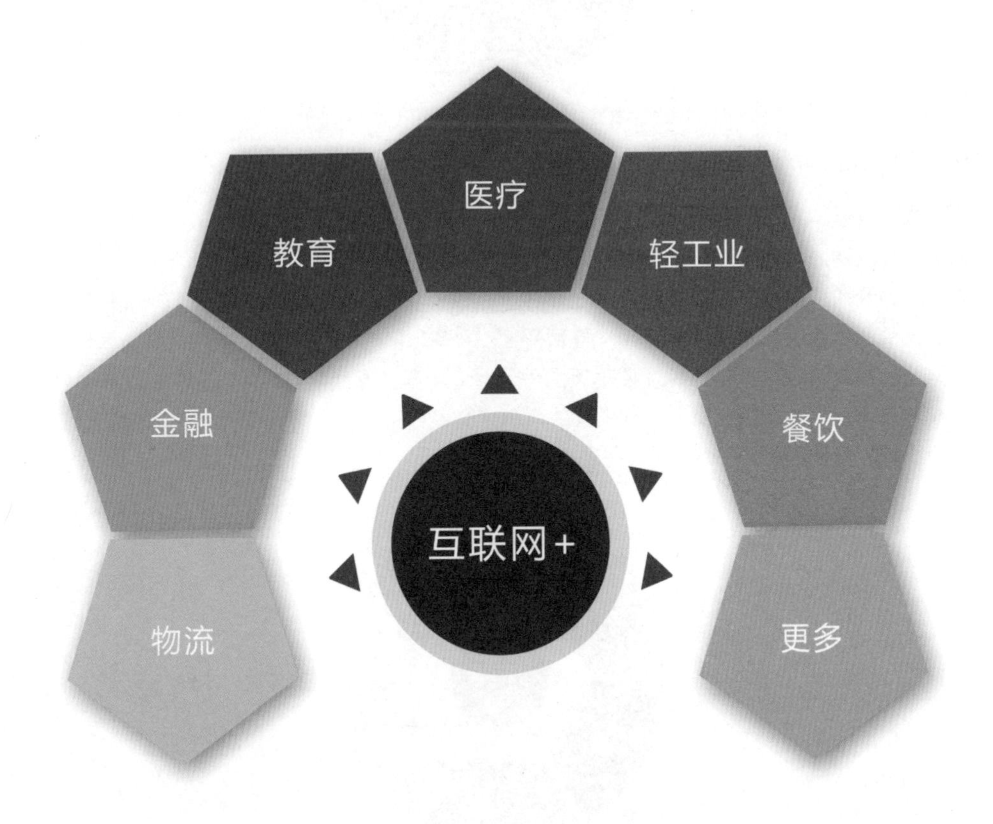

2. “互联网+”对用户体验的需求

互联网产品的形式比较纯粹，它不像工业产品那样需要讲究材质、造型结构、人机工程学等，所以相对而言，互联网产品所使用的用户体验形式比较简单。而“互联网+”时代下的产品形态各异，当互联网加上各个传统行业之后，产品形态可能是实物也可能是提供服务等不同的最终形态。“互联网+”时代下的教育、医疗、金融等行业迅速发展，未来还可能出现新的产品形态。所以对用户体验的要求会日益增加，互联网数字化产品的用户体验设计不再像过去那样专注于“屏幕”媒介，涉及的知识范围会更广，用户的基本需求满足之后，对生活品质的追求会上升到精神层面，对用户体验的要求也会越来越高。

3. “互联网+”的用户体验设计

当“互联网+”发展到一定阶段时，用户体验所关注的就不仅仅只是界面的操作体验。因为“互联网+”下的产品形态发生变化，所有一切与用户行为、内容相关的产品、服务、流程都涉及用户体验，需要被设计。显然在“互联网+”产品多元化的背景下，原来互联网界面产品的体验设计方法并不适用“互联网+”的多元化产品。原来互联网的用户体验设计的方法也需要与时俱进，才能发挥更大的作用，应用到“互联网+”的产品中去，具体的方法或者表现形式会有所改变。可能未来的用户体验设计重点会从屏幕媒介转向其他媒介，提供的可能是一个方案、一个流程或一套服务系统。

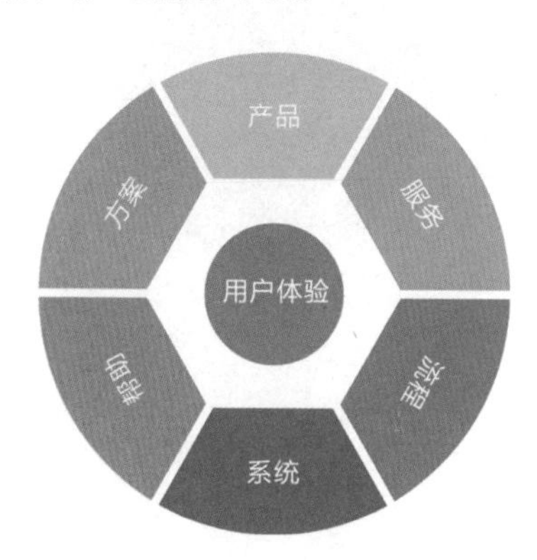

4. 做好用户体验，赢得用户

在“互联网+”的影响下，传统企业中的传统思维将不再适用。目前阶段大家都不明确怎么做，那就唯有先从改变自己做起。如传统企业应该了解互联网思维，才能与互联网更多的对接。既然是连接互联网，意味着企业的产品将会受到更多人的关注，用户只关心产品，产品就代表企业的形象。产品是用户与企业沟通的桥梁，产品能让用户感受到企业的文化。从某个层面来讲，产品的好坏也就决定着企业的兴衰。所以无论是传统企业还是互联网企业，想要拔得头筹，在“互联网+”时代有立足之地，首要任务就是做好产品的用户体验，让产品代表企业说话，赢得用户的青睐。用户体验不是嘴上说说而已，关键是要渗透到产品开发的每一个环节中去，实实在在地结合用户需求完善产品。

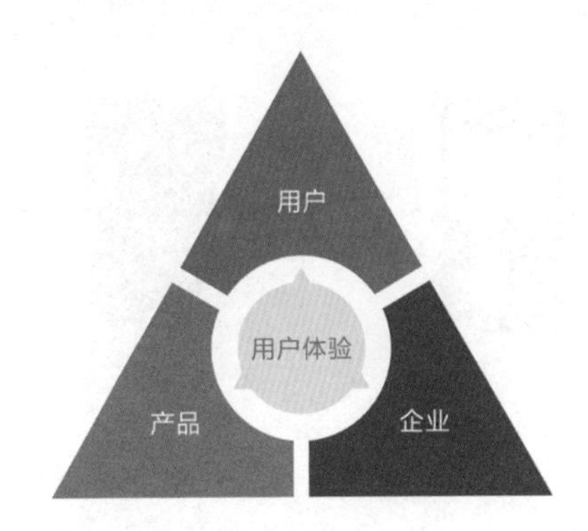

5. 注重体验服务

在“互联网+”发展至一定阶段时，将会有很多第三方体验服务商出现，他们会帮助传统企业转型，帮助互联网企业与传统企业对接。无论以何种形式存在，他们可能会提供技术上的、平台上的、有方案解决的、有培训教育类的服务方式帮助企业转型。说到底，也就是要企业自身也注重体验服务，服务最终的对象——用户。企业也应该注重服务体系，而不仅仅是产品本身，更多的还要构建一个整体的线上及线下的体验服务系统，形成企业的生态链。

由此可见，“互联网+”目前还处于初期阶段，有机遇也有挑战。企业应该注重产品的用户体验，提升产品的品质。找到“互联网+”的切入口，从用户体验延伸到一站式的服务理念，踊跃参与到“互联网+”的转型中去，才能跟上时代发展潮流，不会被新时代所淘汰。

1.2.2 认识互联网思维

互联网思维是互联网时代发展下的沉淀物，是一种商业化的思维。互联网思维下的产品有以用户为中心并自带媒体属性的特点。

1. 简约思维——化繁为简

我们身边并不缺乏简约设计，早在谷歌和苹果等产品的设计理念中，就透出极简思维的魅力。少即是多，简约即是美，简约而不简单，用最简单的元素表达最复杂的内容。

互联网案例的表现，如内容庞杂的360导航页、商品琳琅满目的淘宝网，在复杂的内容中它们诠释了简约。

2. 痛点思维——发现问题

用户体验设计工作的第一部分，我们会通过用户调研的方式挖掘用户在生活中或者使用产品过程中遇到的痛点问题。把痛点的解决方案放大一百倍，让用户痛快。痛点是一切产品的基础，没有痛点就没有亮点。

例如，看电影排队买票太烦就有了网购电影票，打车困难就有了打车软件。

3. 爆点思维——成为焦点

当完成了产品之后，我们必须要给产品加以包装，塑造产品性格，形成引爆点，引起关注。充分利用微博、微信、博客、论坛等社交平台制造舆论，引爆社会化营销。

例如，一夜爆红的应用《足迹》，喊着口号“像电影一样去生活”，形成“大片”的引爆点。

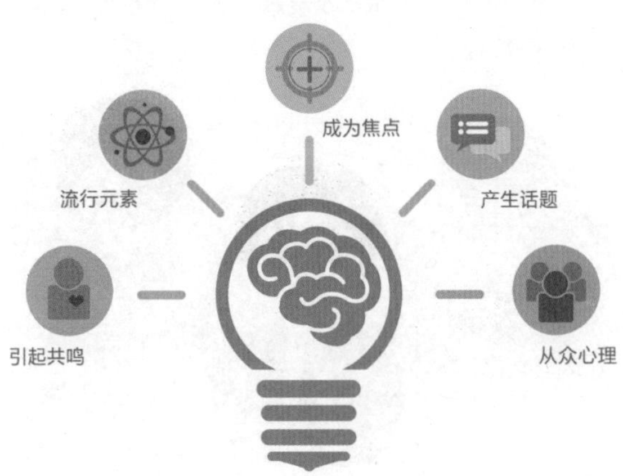

4. 粉丝思维——引起关注

只要有了粉丝，就能形成口碑。如今的互联网就和娱乐圈的道理一样，无论是大品牌还是小品牌，大明星还是小明星，都非常注重粉丝。有粉丝就有关注，有关注就有话题，以此衍生出市场。现在，有些明星因为自黑或被黑，而被推上了话题版，即使内容不一定是正面向上的，但带来的关注度是不可否认的。有句话说得好，没有消息就是坏消息。所以，没有粉丝的产品不是好产品。

像苹果有“果粉”、索尼有“索粉”、小米有“米粉”、华为有“花粉”等，无论是什么粉丝，粉丝们最希望有参与感、尊重感和成就感。

5. 标签思维——寻找关键

为什么需要产品标签？因为它可以让用户一下记住该产品的特点。有品牌标示仅仅是个平淡的开始，但如若能在用户的脑海中形成一个关键词，那才算是成功的第一步。被贴标签不是坏事，所以别介意别人给你打上“95后”“小鲜肉”等标签，这样方便大家记住你。

现在试着回忆一下，看看有什么产品及对应的标签给你留下了深刻印象。例如，说到弹幕，你可能会联想到bilibili网站。

6. 屌丝思维——认准消费者

现在除了“屌丝”，就是“土豪”。高富帅的“土豪”不常有，而“屌丝”满大街都是。中国市场报告指出，在一个随机抽查“60后”至“90后”不等的人群中，以有车有房作为“土豪”的分界线的话，有81.2%的人属于“屌丝”。可见所谓的“土豪”并不多，而市场中“屌丝”占据主导地位，说得“屌丝”者得天下，毫不为过。

虽说“屌丝”买不了车、买不了房，但“屌丝”却有一颗“土豪”的心。在互联网的消费中，不要忽略小数目，要知道“屌丝”群体的庞大数目早已覆盖掉了“土豪”的消费能力，所以服务好“屌丝”才有产品基础。

7. 迭代思维——探索创新

天下武功，唯快不破。敏捷开发，是互联网产品体验设计开发的方法论。等到想好一切，水到渠成的时候，或许别人已经做完上线了。说干就干，错了马上修改，持续试错微创新不断探索前行，创意设计开发齐头并进，是互联网产品的特点。

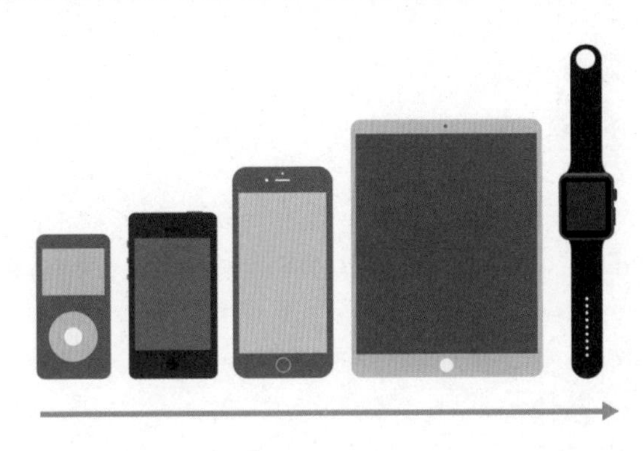

8. 自媒体思维——营造形象

人人都是自媒体，现在每天都有很多新网红出现。我们每天都会发朋友圈、Facebook，发布我们的所见所闻，抒发我们的感想。这正是马斯洛的人类需求金字塔的最高层，自我价值获得认可，简单来说就是刷存在感，博得别人认可，另一方面也是在营造自己的形象，塑造别人眼中的你。

互联网产品在用户体验设计阶段加入互联网思维，使产品的体验更符合互联网的属性，更容易让用户所接受，更理解用户心理，更贴近实际。当然互联网思维也会随着时代发生改变，所以并不意味着用户体验设计会追随固定的互联网思维。

1.3 从零开始，学习体验设计

1.3.1 交互设计初学者如何上手

1. 了解体验设计概念

在用户体验设计中有很多专业词语，首先我们应该明白这些专业名词的具体含义，这样才能在以后更高效地完成工作。

UX：是User Experience的缩写，意思是用户体验，也可以称为UE。

UI：是User Interface的缩写，意思是用户界面，是视觉设计的工作内容。

GUI：是Graphical User Interface的缩写，意思是图形用户界面，我们所看到的计算机及各类移动端系统的窗口、图标等元素都是GUI，如果没有GUI，看到的就是代码了。

IxD：是Interaction Design的缩写，意思是交互设计。

UR：是User Research的缩写，意思是用户研究。

UED：是User Experience Design的缩写，意思是用户体验设计。

UCD：是User Centered Design的缩写，指以用户为中心的设计。

线框图：手绘稿或者用电脑制作的简单线框交互稿。

低保真：接近于高保真效果的黑白交互稿。

原型Demo：可点击操作的低保真交互稿，常用于早期测试。

高保真：最终产品视觉风格的效果图。

如果还分不开交互设计与视觉设计，可以简单理解为：视觉设计是做单个页面的风格设计，而交互设计是把多个页面串起来的行为设计。

2. 交互设计流程

因为交互设计是体验设计的核心，如果单从交互设计阶段来讲，交互设计的基本流程有以下5个。根据各公司或团队的需要会有所差异，但大的流程方向是不变的。

需求分析：提出需求的对象有很多，如客户、用户、老板、产品经理、设计师、开发者等。接到需求时不要着急动手，先理解透彻需求，分析需求的重点，解读需求所可能涉及的场景，为后面的设计打好基础。

架构与流程：确定需求之后，先把需求内容的逻辑结构梳理清晰，整理出符合业务逻辑的信息架构。并设计出符合需求的任务流程。表达清楚页面间的跳转关系、平台的组织系统、页面的导航系统、搜索及标签系统的对应关系等。

线框图与低保真设计：此环节就是把具体的需求落实到页面中去。在之前架构的基础上，确立页面所需的元素，这里需要考虑到各个详细的用户场景，以此来确认各元素间的位置、顺序、强弱关系等。考虑用户使用习惯的同时，要结合项目的实际需求，设计出符合用户与业务目标的方案。

原型Demo：在低保真的基础上，进行原型Demo设计。实现页面的跳转、控件的点击、内容的展示等状态，模拟出接近真实效果的可操作原型。该原型可用于可用性测试，帮助在设计的初始阶段发现问题并解决问题。

规范文档（或者叫设计说明文档）：交互设计的规范整理，有利于视觉设计、开发阶段等相关人员的查阅，减少不必要的沟通。主要内容有：常态异态、字符限制、操作说明、控件说明、展示状态等交互细节说明。

3. 交互设计工具

交互设计输出的稿件相当于视觉高保真的黑白稿，所以需要在交互设计阶段就明确界面的图标位置、大小、形状等。如果交互设计不明确需要表达的效果，视觉设计师很容易按照自己的想法完成，或者按照交互设计稿粗糙的效果实现。例如，界面中有个图标是需要被弱化的，但交互设计稿没有体现出来，视觉设计师自然就不知道交互设计所需要的效果。所以交互设计稿，既要轻快便捷容易修改，也要描述具体的页面细节。

Axure是当前主流的交互原型设计软件，可以快速调出需要的控件、基本元素、窗口等，也可以进行交互原型Demo制作。除此之外，Sketch、Omnigraffle等其他软件也可以画线框图。在软件选择方面要根据实际工作情况和团队工作情况而定，团队中使用相同的工具，协作才更加高效。

4. 交互设计技能

交互设计师其实就是在解决问题，综合考虑问题，消除矛盾，给出最佳的解决方案。具体地讲，在项目启动之前，需要了解业务背景和逻辑，梳理需求结构。设计过程中需要与老板或客户、测试用户、产品经理、视觉设计师、开发工程师、测试人员及运营人员沟通协作。项目过程中要预判项目存在的风险，把控项目的节奏，保证设计稿稳定输出。项目结束之后要整理设计规范并对项目进行总结。

综上所述，沟通协作、逻辑思维、全局观、敏捷响应、归纳总结、自我表达、创新意识是交互设计师必需的技能，可以说交互设计师是一个综合能力型的设计师。

5. 具体工作表现

以上讲了这么多，那么，到底交互设计做什么具体工作呢？以互联网交互设计师为例，工作内容形式包括App、Mobile Web App、Wap、Web、Mobile Web、工具类、系统与服务等。当然其他的智能家居产品、可穿戴设备、人工智能未来科技产品等一切与人机相关的都属于交互设计的范围。交互设计不仅局限在界面操作，手势、语音、甚至气味等都可以作为交互行为的触发点。

初学者了解交互设计，贵在实践。“纸上得来终觉浅，绝知此事要躬行。”先掌握了交互相关的理论知识，然后加以实践，在实践中验证理论，才会对理论有更加深刻的认识。多了解行业动态，多与交互设计师互动交流，是入门的第一步。

1.3.2 转行交互设计该如何准备

近年来，随着交互设计的持续火爆，越来越多的企业开始注重交互设计。许多的UI设计师、开发人员、工业设计师、建筑设计师甚至其他不相关领域的人员，都纷纷想转行做交互设计。一是交互设计的发展前景好，待遇普遍较高，人才稀缺，职业发展的路更宽。二是交互设计入门简单，门槛不高。所以许多人想转行投身到交互设计的行业中去。以下6点可以给正在打算转行交互设计的同学一些指引。

1. 熟悉交互设计理论知识

交互设计是在定义一个系统或人造物品的行为方式，关注以用户为中心的需求。在没有接触交互设计之前，很多人会认为交互设计只是在做布局排版，甚至区分不清交互设计与视觉设计的区别。隔行如隔山，想要转到这个行当，第一步得先了解相关的理论知识。交互设计的基本原则有很多，但实际工作较常用的并不多。阅读书籍的过程中，要善于总结归纳。这里推荐同学们可以看《交互设计精髓》《交互设计指南》《用户体验要素》和《简约至上》等关于阐述交互概念的书籍，还有一些实战型的交互类书籍，例如，《Don’t make me think》《瞬间之美》和《方寸指间》等。

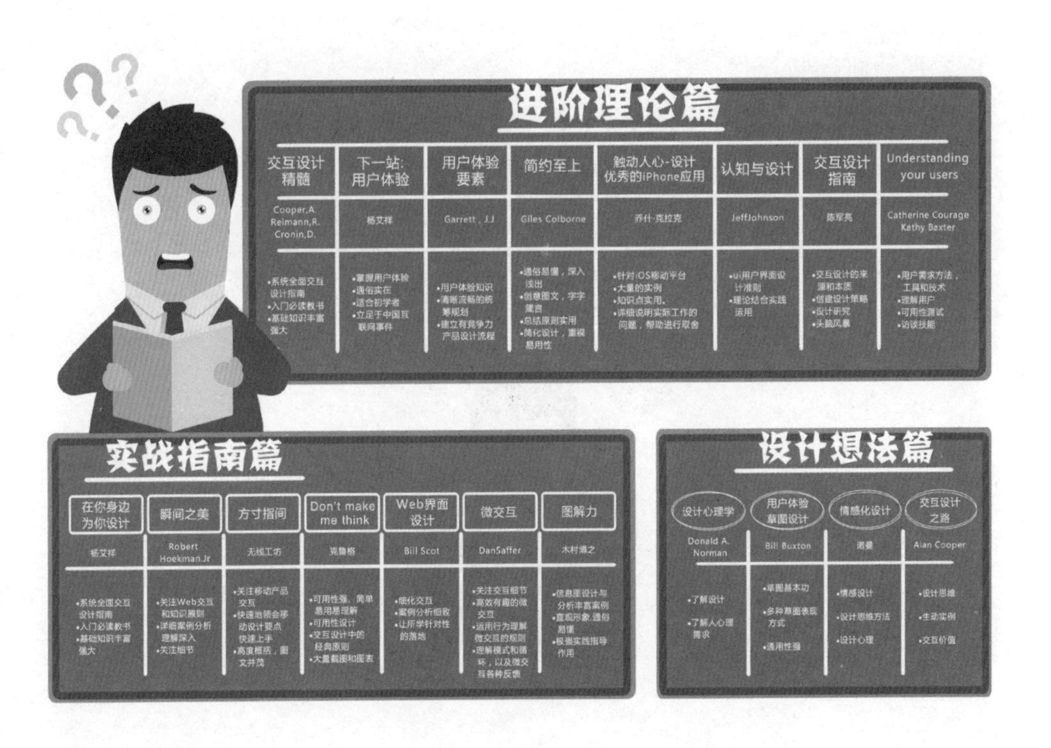

2. 学习交互基本技能

在学习交互设计的基本技能时，首先应该掌握工具的使用方法，交互设计可以用Axure作为基础，之后再学习Sketch、Omnigraffle等更多的软件，了解交互软件之间的差异，找到适合自己的工具。与学习交互工具相比，更重要的是锻炼自己的思维和分析能力。工具只是用来表现想法的手段，交互设计并不是拘泥于表现形式。更重要的是构建出符合用户的心理模型的设计，而这是娴熟运用交互设计原则并与工作经验相结合的成果。初学者可以多浏览国外的优秀产品，分析产品的交互设计，以锻炼自己的思维以及分析能力。

3. 发现新鲜事物

交互设计师应该是一个好奇心强、有敏锐触觉的人。不管是PC端的还是移动端的，所有软件都要保持最新，了解最前沿的设计资讯。作为交互设计师拥有双平台手机是很必要的，因为App多数都是双平台发布，而Android与iOS在交互上又有一定的区别。App Store上面那些最新的、最热门的应用，要多关注并体验，把它们吸引人的点或交互方式记录下来。多发现身边新奇的好玩的事情，不管是软件的、硬件的，还是科技的、非科技的。

4. 流程与规范设计

刚入门交互设计的同学，不要急着想做一款App或网页。可以先从最简单的流程设计开始，如登录、注册的流程图。登录和注册流程是最普通的操作流程，但在设计的时候，需要考虑到各种场景，例如，正常的登录场景、失败的登录场景。失败的场景又分为多种原因：无网络、账号错误、密码错误等，此外还需规定验证码、密码机制。所以操作的流程不仅是简单的正异常情况，过程中还要考虑到一切涉及的场景。

交互设计最重要的就是设计规范统一，所有元素的运用规范统一。这个说起来简单，在实际设计的过程中总会遗漏，所以入门时就要培养规范的意识。例如，一个上百页的应用设计，在过程中可能会忘记最开始采用了哪种交互控件、交互方式。

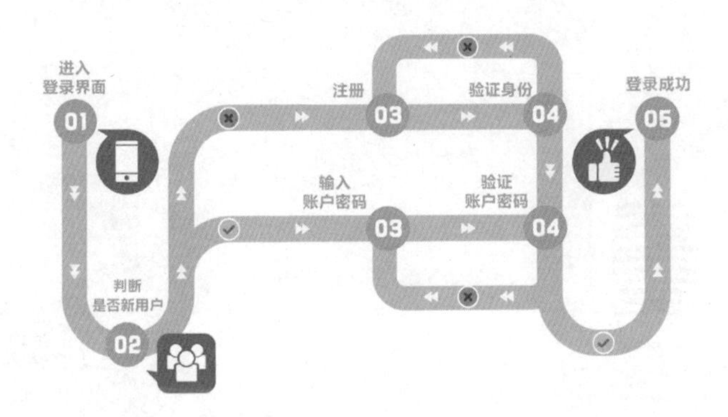

5. 提高综合能力

交互设计师是一个解决问题的角色，给产品提供解决方案。可能初学者会以为交互设计只是画稿或做动效，但实际上交互设计师是一个综合的角色，在项目中仅次于产品经理。交互设计师具体的工作流程包括：市场分析、竞品分析、需求分析、用户访谈、问卷调查、数据分析、头脑风暴、概念提案、创建用户模型、动效创意、线框图设计、低保真设计、可用性测试。交互设计师应该具备的能力包括：逻辑思维、审美能力、创新意识、沟通能力、执行能力、全局观、洞察力、善于总结。

6. 投入实际项目

如何才能快速成长学到东西呢？企业项目实习很重要。再多的理论知识，终究也是要应用到实际的项目中去。因为在实际的项目中会碰到各种意想不到的状况，需要考虑的问题会更加全面，有领导的意见、有用户的声音，在商业利益与用户体验的冲突中，要学会去转化它们之间的矛盾。通过这样的历练，才能提升自己的综合能力。如果是在创业型公司，在这个环境中能接触到更多的工作事务，了解体验设计的流程，感受交互设计承上启下的作用。

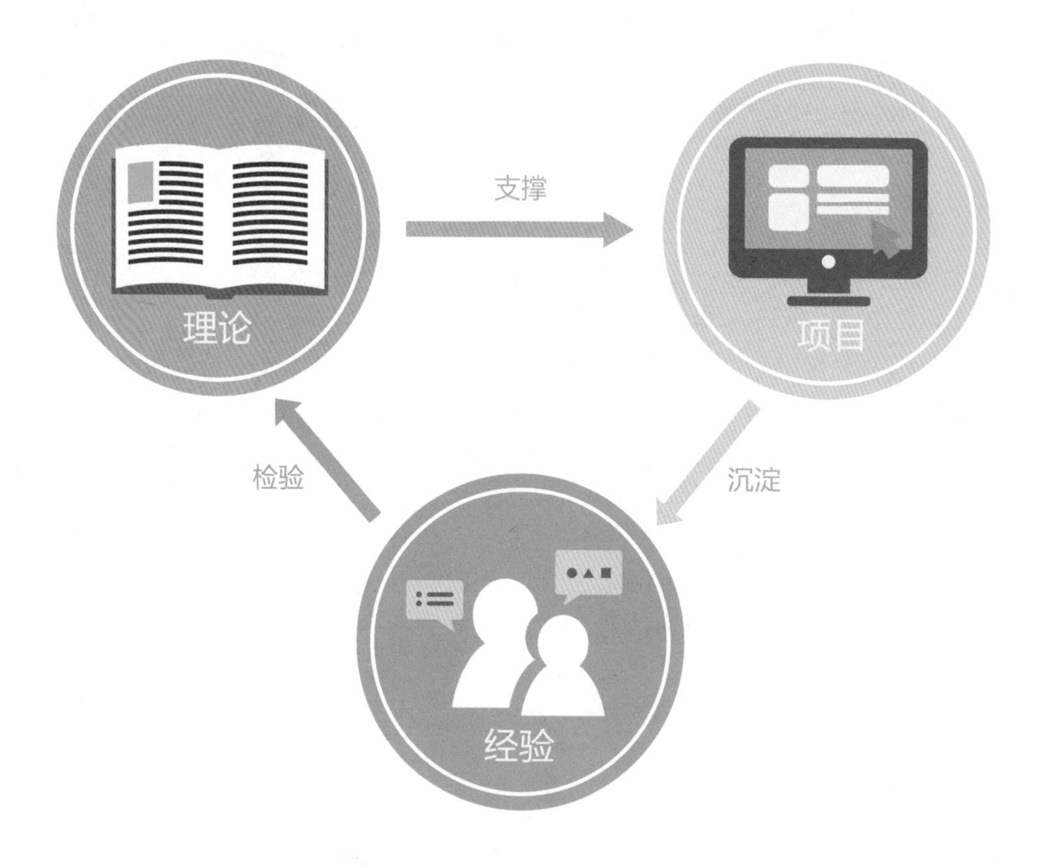

万事开头难，但如果下定决心转行学习交互设计，不妨就马上开始做起，利用碎片时间、业余时间多加学习与思考。

1.4 交互设计所需的工具

工欲善其事，必先利其器。如今交互设计的软件五花八门，初学者或许会无所适从。基于低保真原型的两个要求“轻巧快速”和“易于修改”，在追求快速高效的产品节奏下，企业一般用什么工具进行交互设计？初学者使用哪些工具能够快速高效地输出？这是本节将要重点解决的问题。

1.4.1 交互设计的初期工具

交互设计初期的产出物之一就是线框图，用于快速与产品相关的人员进行想法交流，让产品经理确认需求的落地情况，与视觉设计师探讨产品风格。线框图也可以与开发人员进行技术可行性评估。除了团队内部讨论，也可以作为用户测试的原型，这时候的线框图变更会比较频繁。

产品初期的讨论，聚焦的是创意概念和产品传递的核心价值，交互设计师更关注用户体验和商业价值的双赢。简单的手绘在初期阶段发挥着不可替代的作用，在纸上更容易捕捉到一闪而过的灵感。这时候也可使用Balsamiq Mockups等模拟手绘效果的原型软件。

手绘常用的线框图绘制软件是Axure，此时的线框图不需要用图标素材，而是用最简单的部件表达界面的元素。例如，LOGO可以直接用文字表达、文本输入框采用长方形、按钮是带导角的方形。总之，线框图阶段控件元素不需要具体，快速地表达控件元素在界面的位置，以判断布局的合理性和交互的可行性。

PowerPoint也可以用来制作线框图，首先关掉对齐网格功能，便于微调。虽然是线框图，但基本的线条、控件还是要对齐。虽然无需像低保真那样考虑控件的间距，但是大概的位置还是需要预留，以便低保真阶段的深入。

如果是异地办公或临时救场，也可以试试使用在线绘制原型，随时随地可用，而且轻便快捷。但缺点也很明显——不稳定、不规范，所以不建议长期使用。

1.4.2 交互设计的过程工具

1. 信息架构和流程图

交互设计的初期工作过程中，我们需要逐步明确产品的信息框架和操作流程图，搭建起产品的整体框架，为后面的具体页面设计奠定基础。产品的信息架构承载着整个产品的核心脉络，核心场景操作流程关系着用户的使用效率，这是做好产品用户体验的第一步。也就意味着设计师对业务作出分析之后，要设计出符合产品逻辑，同时又不违背体验原则的信息架构和操作流程。不管是B2C还是B2B的产品，信息架构的设计关系重大，目的是让用户不迷失于页面间的跳转，快速找到自己的目标。

设计信息架构时，可以先用纸笔或白板把想法和逻辑梳理清楚，再把最终讨论的结果录入电脑中。思维导图的软件有很多，不同行业背景的人，其应用需求也不一样。对交互设计师而言，最重要的是与产品团队保持一致，方便沟通协作。

常用的软件有：XMind、 MindManager、FreeMind等。推荐使用XMind，因为它提供了各种信息架构和流程图的模板，以及鱼骨图、组织图、SWOT分析等模板。软件格式兼容性也比较好，还支持导出PDF、JPG、HTML等多种格式。

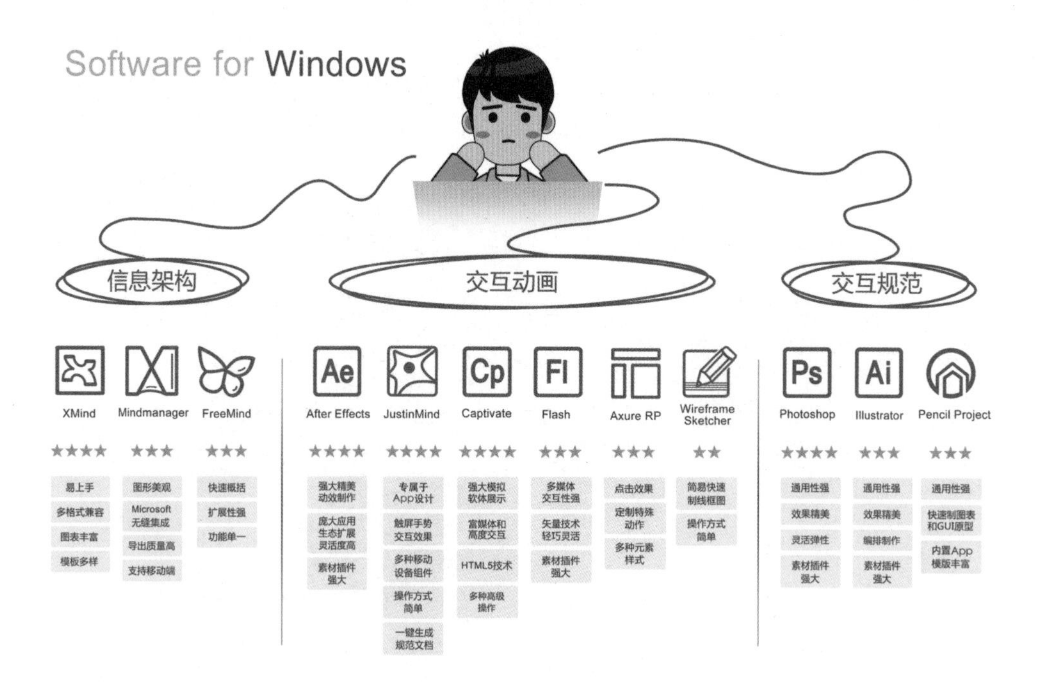

2. 低保真原型设计

低保真原型设计是交互设计师最重要的工作输出文档。前面做的一系列竞品分析、调研测试等工作的结果将最终体现在低保真的界面上。这个阶段对软件的要求应该是易操作、易修改。因为此阶段页面的输出数量多，评审过后修改频繁，同时还必须保证页面的规范性，所以AI、PS等软件并不适合。目前主流的低保真设计软件是Axure、Sketch、Adobe Experience Design等。

Axure的目录架构是页面与文档的两种形式，意味着在这里可以按照先前设计的信息架构维度进行展开，对应到具体的每个页面。也可以按照其他维度进行组织，如按照版本号、按照产品模块等。Axure拥有强大的部件库，熟练一段时间后，可以制作一套自己的部件。可以方便灵活地应对各个项目、各个场景的页面设计需求。最重要的是带有可交互效果的部件，可以直接编辑使用，操作简单，运用灵活。我们都知道在描述一个交互行为时会涉及不同的状态，在设计稿中我们会一一把这些状态都画出来，然而它的表现力却远不如把效果实现，让参与评审的人员直观地感受到你的想法。

Axure的母版在多页面工作量大的情况下发挥着不可替代的作用，首先，使用模板可以轻松搭建页面的框架。制作特殊的部件，多页面中也可以直接复制使用。其次，当需要全局修改时，直接修改母版就等于修改全局，大大地提高了设计效率。

Skecth相对于Axure来说在UI设计上的表现更为出色，在页面的形状处理上更为精细。Skecth的目录结构是形状和文档形式，这类似于PS的图层关系，也就意味着Sketch不可能像Axure那样按照产品特定的维度去组织页面的关系。

Sketch是矢量绘图软件，在定位上区别于Axure。它更趋向于UI设计，在插件的支持下尤为明显，如随机生成头像图片、内容文本、人物名称等，可以让页面的信息显得更为逼真。也正是因为如此，使用Sketch更适合做展示性的文档，如做项目汇报或输出成果。如果在团队中，交互设计师与视觉设计师都使用Skecth，会提高协作效率，后期再配合Keynote、Flinto等软件可做动效设计。

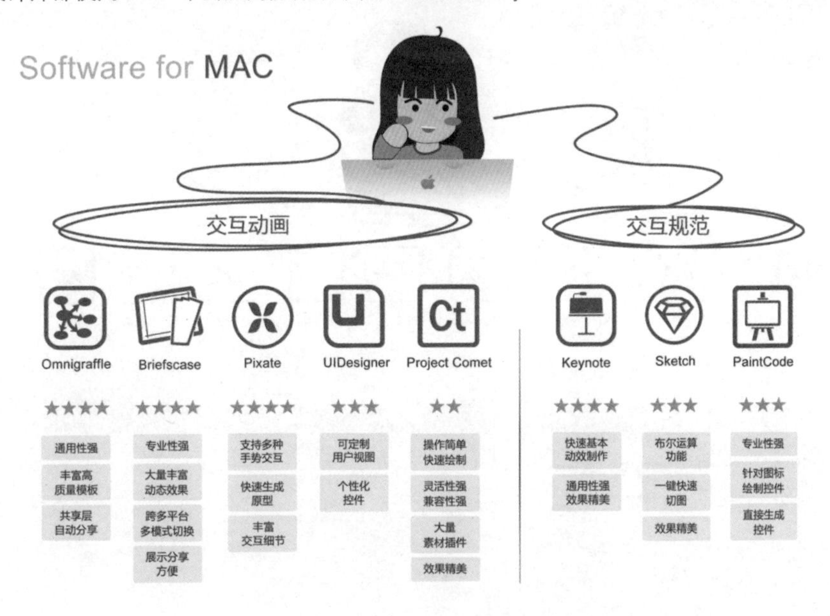

1.4.3 交互设计的展示工具

交互设计的展示部分是用户体验设计的关键部分，是对产品的总结和验收。作为展示的输出文档，一方面可以总结阶段性的设计成果，另一方面有利于发现设计中的缺陷，及早修改设计问题，完善并提高设计的质量。

按照文档的呈现状态，分为静态和动态。

静态是指规范性文档、设计描述、功能说明性文档，一般会用到PowerPoint、Keynote、Indesign、Word等软件，以输出PDF格式最为常见，视情况需求也有其他不同格式的输出。

动态展示分为用户测试和场景演示的作用。如果是可用性测试，目的就是为了发现真实用户在使用产品过程中出现的问题。软件上可以用Axure制作可点击操作的Demo效果，导出HTML格式就可以进行模拟真实的操作效果。若是在移动端上，最常见的是使用POP、Tster、UIDesigner、Tapcase、Briesfs等应用或软件，把设计原型放到移动设备上进行测试操作。POP、Tster、Tapcase等应用是在移动端上直接进行页面串联、编辑效果，以实现页面的跳转。UIDesigner、Briesfs等软件则是在电脑上完成编辑，再同步到移动端。在线的原型工具也有很多，如Flinto与UXPin。Flinto目前有在线版本，也有作为Sketch使用的插件，Mac和iOS同步实时预览。

场景演示分为动效与功能使用演示，动效包括场景转场、反馈提示、衔接动画等。软件上Flash已经不再主流，目前比较主流的有After Effects、Keynote等软件。特别是Keynote更为轻便，由于操作简单，相比于After Effects入门更低，效果实现更快，可以在短时间内出效果。甚至有人用Keynote高度还原了Material Design的动画效果。而功能使用演示，更多是在展示项目设计的成果，或是解读产品的视频，不同风格不同手法均可使用After Effects、Adobe Premiere等视频类编辑软件进行制作。

虽然目前已经有很多的原型工具，但这些用户体验设计工具只能用于画交互原型，我们更期待在以后能有一些新工具帮助我们完成体验设计的其他环节工作，例如，竞品分析、数据分析、调研分析等，让体验设计更流程化。

1.5 交互设计师的一天

1.5.1 设计师是不是经常加班

加班与否是个老生常谈的话题，我们先看看交互设计师典型的一天工作内容是什么，再看看是否有经常加班的需要。

1. 早上

- **预热准备**

设计师的一天多数是从翻看邮件开始的，对一些未完成的任务型邮件进行标记，计划好今天工作的主要内容，写在便签上以免遗忘，下班前完成这些问题。用几分钟的时间规划一天的工作重点，接下来的工作才会井然有序，不会瞎干一天而没重点。在公司不像在学校会有规定的上下课时间，所以可以利用泡咖啡等碎片时间顺便看看行业动态，关注一下热门话题，保持对世界的新鲜感。

- **需求讨论**

这时正式的工作开始了，拿着昨天记录的需求疑问，找到产品经理和项目的相关人员一起开会确认需求，会议控制在20分钟左右。解决有疑问或者表达不清晰的需求，要澄清需求来源。会议结束后写成会议纪要发给参会人员确认，防止有遗漏的内容，也防止大家忘记需求的具体内容，引发不必要的争论。交互设计师每天的工作都离不开听、讲、记、想、画。

- **交互设计**

拿到需求一般都是文档形式，甚至是产品经理讲的一句话，需要把它落地成为一个用户界面，这是交互设计师表达观点的一个过程。一般交互设计会先用草图的形式表现几种存在的可能性，再确定其中一到两种最佳解决方案进行电脑绘制。用手绘稿的好处是可以快速记录创意，使用灵活便于修改，常常会有意想不到的效果，不像直接用电脑稿那么呆板。

• **评审迭代**

把版本需求转化为用户界面初稿，与同事讨论确定设计细节。再次发起会议，拉通开发、视觉、产品经理等相关人员，对交互初稿进行评审。会议的主要内容是：一、确定需求是否落地，需求上是否变更。二、开发进行技术可行性评审，确认开发难度。三、视觉风格初步形成。会议结束，团队协作齐头并进，开发开始搭建环境，视觉输出页面风格，交互部分趁热打铁迭代修改，并做成原型Demo。

2. 下午

由于产品仍未定型，可塑性强，设计师可以利用低保真原型Demo进行用户测试，来验证产品是否达到预期效果。早期的测试有利于及早发现问题，反馈给产品相关人员，用于敏捷迭代，相对后期做用户测试可以节约成本。

- **用户测试**

如果项目的目标用户是普通消费者，可以联系其他比较符合产品特质的同事进行测试。准备测试的材料，编写测试的任务流程，准备好测试环境、设备、录音笔、纸笔、礼物等。

按照计划，请来了参加测试的用户，先让用户大概浏览一遍项目的产品，主持人一边介绍产品的背景，让用户对产品有个初步的了解。测试正式开始，按原先设定的任务流程让用户进行操作，期间用户会出现很多状况，说明产品的问题逐步被暴露出来。

- **分析问题**

测试结束，接下来的工作是写测试报告，这是整个测试过程最关键的部分。经过测试，发现产品的很多问题，首先要把这些问题按照严重性划分等级，然后把问题归类为交互、需求、文案等，根据问题出现的频率做出排序。整理归纳之后，得出重点的问题，并说明问题产生的原因和解决方法。这份测试报告将转化为下个迭代版本的需求。

3. 加班

以上是交互设计师典型的一天，工作内容比较多，时间紧凑。为什么加班，有可能是项目或自身的原因。从项目上讲，需求紧急或需求任务过多，可能导致加班，为了项目如期进行，保证整体项目进度不滞后，加班是必需的。从自身角度讲，如果超出了自己能力之外，会导致效率降低。例如，新业务、新工具、新环境等不适应会降低工作效率。另外，也可能是拖延症或无计划瞎忙，今天事今天了，完成当天的工作，明天又有新的任务。每个人每天的精力是有限的，一定要充分利用好有限的时间，发挥最大的价值。

作为设计师，在项目上无法控制需求的急缓，但我们可以提高自身的能力来提高效率。可以参考以下3点。

第1点：有效的沟通，讲重点。避免不必要的争论，对于长时间沟通未定的需求，可以暂时搁置。留些时间给大家下去思考，不要一时钻进牛角尖。

第2点：项目闲暇时，整理文件夹、软件的插件、部件、模板等。了解所在项目的业务情况，与相关人员保持沟通，时刻关注项目的进展。

第3点：提高专业技能的同时，要提高项目的把控能力，确保设计阶段可以如预期进行，预判过程所存在的风险。

相信所有工作都不会是安逸的，如果是因为图安逸才选择做设计，那估计你并不是真的喜欢设计。只有离开安逸接受挑战，才能不断提升自己、创造价值。

1.5.2 5步快速提高设计效率

作为一名交互设计师，不仅需要做竞品分析、用户研究、创意概念、交互设计、视觉及开发问题跟踪、用户测试等工作，还有很多其他的零碎事务需要处理，总会感觉时间少、事情多。那么，如何才能在短时间内提高工作效率呢？这是我们一直在探索的问题。

1. 整理需求任务

交互设计师在工作的时候，会接到来自多个项目或同一项目的不同需求。提高效率的方法之一就是要先整理这些零零散散的需求分类，根据需求紧急程度、需求工作量大小、需求的难易程度等，多维度地给需求排序。一般会先从紧急的或是难度大的需求开始做起，其他的小任务就很容易了。管理好自己的需求任务是最关键的一步，它会影响你接下来开展的工作。

2. 分解任务，制订计划

当我们把需求整理好之后，就需要对接下来的工作做进一步的详细安排，把一个需求分解为多个小的任务。例如，可以把大的需求分为多个用户入口、多种客户端或者是项目上难以理解的业务模块等。根据项目的具体情况而定，把这些大的难点问题转化为小的任务。同时制定在接下来的项目周期中每个任务的具体工作时间。把需求任务变得更具条理，做成一个简短又清晰的计划列表，让需求变成可执行、可量化的任务。

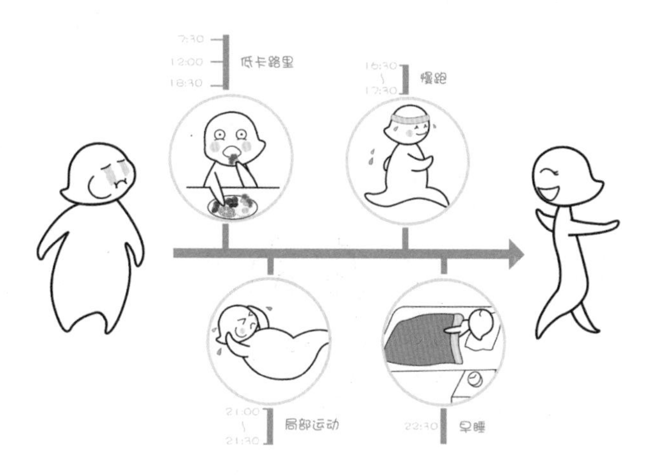

3. 避免干扰，保持聚焦

当开始投入工作时，可以先关闭所有与工作无关的交流，屏蔽不相关的邮箱、手机信息等，把电脑桌面整理成与项目相关的文件，甚至是工作的办公桌也要整理干净，不要让杂乱的环境干扰你的专注。给自己营造一个空间，不分心于其他无关事情，才能更专注于工作内容，提高输出的效率，同时还能保证输出稿的质量。

4. 摆脱拖延症

拖延症是一种侥幸心理的体现，是一种坏习惯，它会严重影响我们的学习和工作。在工作开始时，总会感觉时间很充裕，对于事情的态度是“到时候再说”。认为时间很多，可以慢慢来，不用着急。往往要到了快截稿的时候才会有紧迫感和焦虑感，急急忙忙地完成，草率了事。俗话说“慢工出细活”，所以工作展开之后要时刻自我提示，时刻保持紧迫感，不贪图安逸享乐。有问题马上解决，不要总是留到下次再说。另外，不要轻易改变计划或频繁变更计划，多点实际行动。提高自己的纪律性，严格按照计划实施，不要总想着事情做不完可以明天再做。

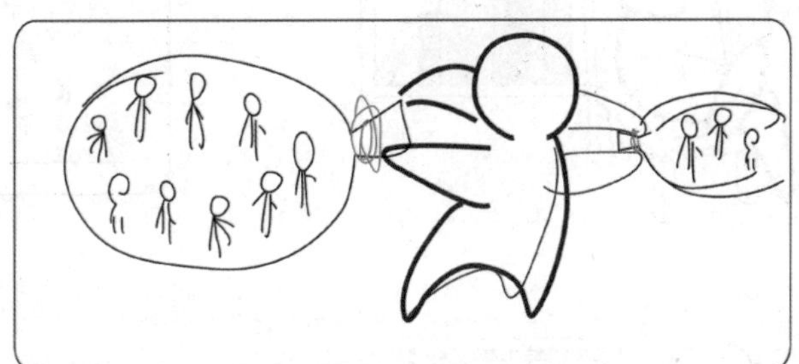

5. 自我提升

首先是熟练掌握软件操作，避免眼高手低的尴尬状态。闲暇之时，多学习或者认识一些新软件、新技术、新功能，不要等项目开始才一边学习一边工作。这种“临阵磨枪”的状态，输出效率会很低。确保工作中使用的软件能快速准确地表达自己的想法，不要让过多的时间浪费在使用工具上面。

此外，还需要不断提高专业知识、开阔眼界，只有不断学习成长，才能在工作中做到游刃有余。

最后，还需要与团队其他人员保持沟通，相互配合才能发挥最大效率。工作也要适度，劳逸结合，精神饱满。平时多归纳总结设计的过程和方法，掌握工作流程，找到最适合自己的工作方式。养成良好的工作习惯，有意识地培养好的工作习惯，形成一种追求设计精品的意识。

体验设计那些事儿

2.1 用户体验设计的流程

通过下图，可以看到产品从无到有的体验设计流程。在实际工作中，会根据产品或者团队需要做调整。整个过程包括了老板或者团队领导、产品经理、项目经理、设计师、开发人员、测试人员、运营及市场人员等角色。而设计师在整个过程做什么，对应的有什么产出物，按照产品的体验设计流程主要分为以下5个部分。

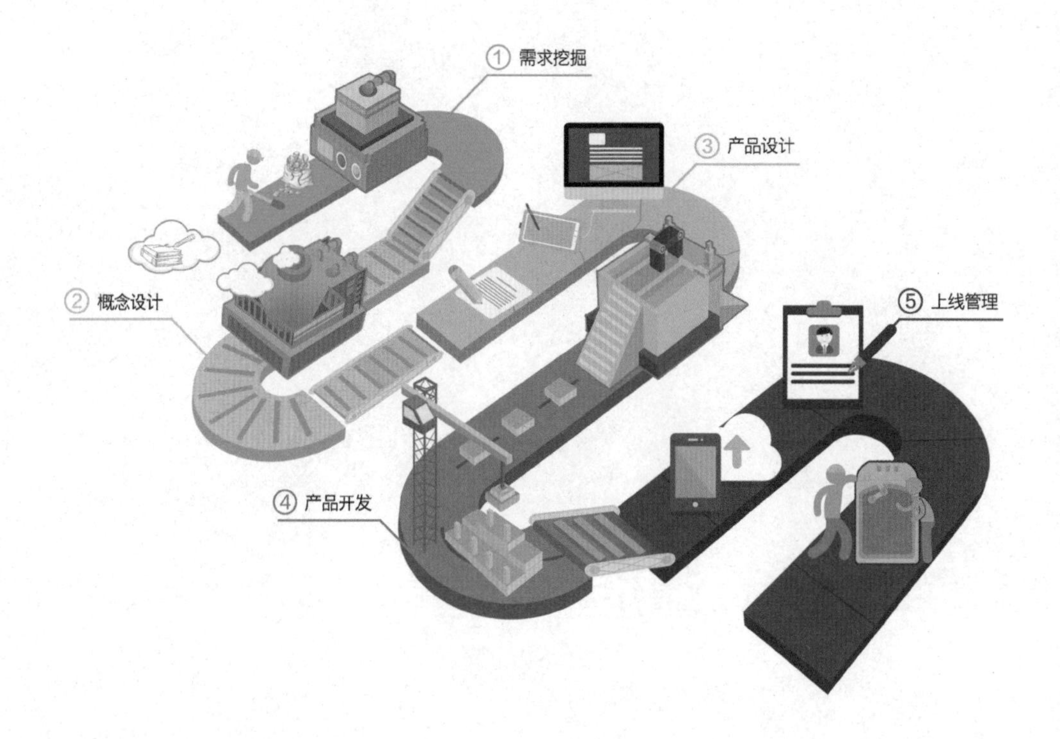

2.1.1 需求挖掘

市场与行业分析：主要是分析市场中存在的机遇，找准产品的切入点，这个阶段的工作一般由产品经理和项目相关人员发起，当然交互设计师也可以参与分析讨论。

用户研究：用户的需求分为两种，一种是用户显性的需求，另一种是用户隐性的需求。用户的需求可能不会直接告诉你，需要你在访谈的时候深入挖掘。

竞品分析：通过分析市场上竞争对手的产品，从商业目的、功能、体验等多方面总结，然后将其转化为新项目的需求。

结合上述的需求：形成一个新项目规划之后，还需结合团队或公司的具体能力分析在技术上实现的可能性，进一步细化需求。

2.1.2 概念设计

头脑风暴：包括了交互、视觉、动效甚至运营等多方面的概念假想。提出新的功能或者创意点，解决用户的痛点，形成产品的优势。并通过故事版的方式来验证概念假想的实用性。

用户画像：通过调研结果，结合项目产品的定位，找准目标用户，并拟出用户的背景信息和使用产品的习惯。

场景剧本：设计出产品的核心操作流程，还原用户实际的使用场景，找到设计存在的问题，并不断完善。

动效创意：目前动效设计越来越被设计师重视，好的动效不仅能缓解切换或者加载给用户带来的负面情绪，还能引起用户注意，出其不意地给用户创造惊喜。动效也不是越多越好，在适当的时机适当地出现，才能为产品加分。

2.1.3 产品设计

产品设计阶段有很多迭代的过程，也存在交互与视觉同时进行的部分，是一种相互交叉的状态。

交互设计：在概念产生雏形，概念的提出方案，并与产品人员确立之后，就可以开始交互设计部分的工作。这一阶段的主要工作包括信息架构的搭建，多维度架构的搭建，选择最符合产品的定位等。交互设计的核心操作流程优势需要在此时体现出来。此外交互框架、页面布局与导航设计，都需保证后面输出的一致性。此部分交互设计师的产出物有概念提案、信息架构、线框图、低保真设计稿、可操作原型Dome、交互规范、可用性测试报告。

视觉设计：低保真确立时，视觉设计师开始做视觉风格方案，确定符合项目、目标用户的风格。再根据低保真与交互规范输出高保真视觉稿。此部分视觉设计师的产出物有竞品视觉分析、视觉风格提案、高保真设计稿、视觉规范。

动效设计：是在交互设计指引下的动效，不同于动画，它需要承载一定的作用。例如，转场动效，衔接界面与界面之间的过渡，使用户观感更加自然，体验更加流畅；引导动效，如窗口的放大弹出，让用户感觉还在原来的界面上，主页并没有消失，也知道“逃生仓”在哪里，随时可以返回；加载动效，减少用户等待产生的焦虑。

2.1.4 产品开发

标注切图：一般工作可以由前端或者视觉设计师完成。视觉设计师可能对自己完成的设计更加清楚，由视觉设计师完成更好。

开发实现跟踪：不断地跟进开发实现情况，保证产品在视觉上与设计稿一致。

用户测试：开发实现完成后，找来用户做实际的操作测试，寻找开发、视觉、交互等方面存在的问题，并不断地迭代完善。

2.1.5 上线管理

收集和整理用户反馈的问题，并通过后台数据分析跟踪用户的使用情况。为下一版本提供迭代的需求来源，整理归纳项目总结，作为项目沉淀。

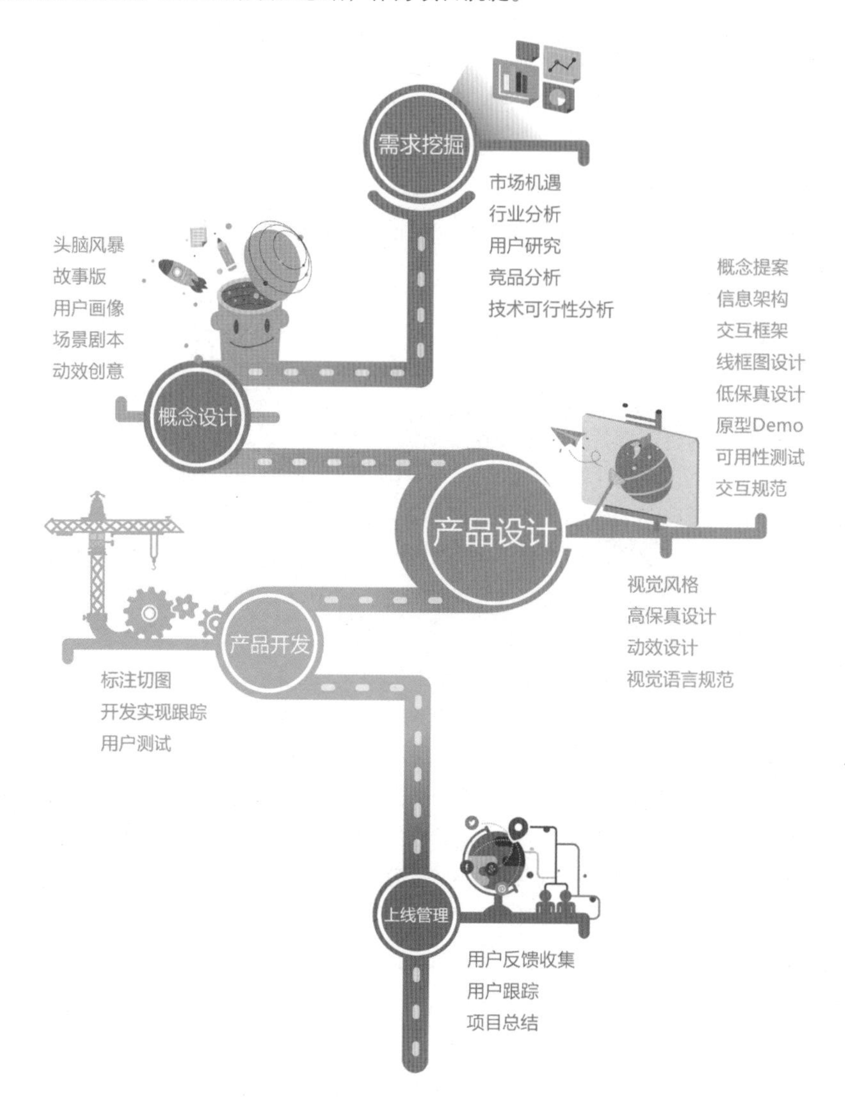

交互设计师是一个精通“十八般武艺”的角色，有人比喻交互设计师与产品经理是死对头，但作为交互设计师应该清楚地知道，更加专注地做好交互设计部分是基础，也是交互设计师存在的原因。

2.2 挖掘产品的市场价值——竞品分析

很多入门设计师忽略了竞品分析，觉得竞品分析没有实际价值。其实，深入的竞品分析能够帮助企业定位产品、找准设计方向，通过竞品横向的对比可以发现战略上的优劣，通过竞品纵向的比较又可以发现产品体验的细微差异。在产品的各个阶段都适合做竞品分析，那如何做一份有价值的竞品分析呢?

2.2.1 明确目的

竞品报告是一个交互设计师的必要产出物之一，但是根据项目设计流程等情况的变化，可能撰写的内容会有所不同。所以在一开始，需要明确写竞品分析报告的目的和作用是什么，究竟是给领导汇报，还是作为团队内项目过程存档。因为目的不同，分析的侧重点也会有所不同，例如，给领导汇报的报告应该着重分析市场的情况，竞品与自家产品的差异性，从横向的比较中找到市场的空缺；如果是团队内的项目存档，就应该注重体验设计的分析，从纵向的维度深入挖掘竞品的设计思路。

2.2.2 找准分析定位

竞品分析存在两个阶段，一个是项目刚启动，还没有形成自己的产品，此时应该更全面地涉猎产品相关的信息，分析范围应该比较全面；另一个是已经有产品的竞品分析，这个阶段的重点应该是通过竞争产品与自家产品的对比，了解产品在市场的位置，了解用户的使用习惯。

2.2.3 选择竞品

在进行竞品分析时虽然不是选择全部竞品，但最好将全部竞品都应该用一遍，了解竞品间的差异。那么究竟该怎样选择竞品呢？原则上可以选择行业的前3~5个，或者是比较典型的竞品。无论怎样都应该根据项目的实际需求做选择判断，选对竞品可以事半功倍，学习竞品的优势，规避其短处或者存在的问题，为提升自家的产品提供基础依据。如果选择错误则会适得其反。

2.2.4 分析维度

全面分析线索很重要，因为分析的维度决定着分析报告的质量。如果没有从全局进行分析，看到一点分析一点或者是只对某个局部进行分析，都会造成分析报告的价值沦丧，聚焦不到点上。一般来讲，我们通常会用用户体验5要素作为思维线索进行分析，灵活运用这5个层面，从产品的定位、功能、技术上的差异，分析对比交互上的信息架构、核心流程、页面框架布局。如果采用专家评分，需要给出评分标准。

2.2.5 数据佐证

为了能使分析报告准确，设计师应该保持客观中立的态度，用数据来支撑观点。可以多利用图表、现象图、雷达图等对比分析法，更直观地呈现数据或者观点。数据的获取方式有很多，可以到竞品的论坛社区，找到用户的评价，甚至直接找到用户做简单的访谈，了解用户的真正想法。也可以通过网站找到数据来源，如艾瑞、易观、友盟、Talking Data、腾讯大数据等门户网站。

2.2.6 归纳总结

此部分依然可以用“用户体验5要素”的层次来总结，从各个层面给出建议。站在更高的角度去做全面的总结归纳，不要陷入某个细节的阐述。竞品分析除了说明竞争对手与市场的情况之外，用户使用此类产品的行为习惯也应该格外关注，争取找到可为产品沿用的设计价值点。

综上所述，竞品分析并不是“玩玩竞品，写写感受”这么简单，还需要细挖产品中的不易察觉的问题。如竞品现状存在的原因，靠猜测是行不通的，需要通过不断地探索、挖掘和推测论证。论点需要有数据的佐证，得出来的结论才算得上是一份有价值的竞品分析报告。

2.3 用户是你的另一半

2.3.1 简单有效的定性调研

用户调研是一门大学科，它涉及心理学、社会学等多方面的知识。定性的用户调研，在产品的不同阶段都可以使用。体验设计中使用定性调研，通过研究或测试用户在使用产品过程中的反应，得到用户的真实反馈，以此来验收产品的实际价值。在调研测试用户的过程中，如何做到简单有效呢？可以关注以下5点。

1. 问题准备

在进行调研之前需要准备好问题，提问应该是一环扣一环，不要东问一下西聊一下，聚焦不到点上。同样的问题，可能用户有不同的回答，要预测用户回答的内容方向，准备好对应的问题继续提问。此外，在现场还要灵活地变动问题，不要一味地按照拟定好的问题一条一条机械式地问，在提问过程中发现用户的偏好或主观意识与自己预期的不一样，要适当地变通问题。

2. 把握节奏

提问时要把握提问节奏，由浅到深。提问要及时，用户操作很快，如果不及时问用户，可能过一会儿用户自己会忘记，或被新冒出来的一个问题打断。

用户在操作时，尽量不说话，仔细观察用户操作的过程，除非用户求助，否则不要给用户过多的干扰信息。对于整个过程，也要注意测试的重点，确保在预期时间内完成测试，把握整个测试的节奏。把握好提问的时间点，让用户感觉整个过程比较紧凑、内容充实，不要让用户停下来等你发问。

3. 带动用户

在挑选用户时，除了要注意选择不同等级的用户之外，还要注意不要选择与自己太熟悉的用户，最好是陌生用户，初次会面的那种。这样做的好处是避免太了解要测试的这个用户，带有个人情感或彼此太熟悉产生的个人因素会影响测试的结果。

测试时间过长用户会感到不耐烦，或者有其他干扰会影响用户的情绪，进而影响测试结果。当用户出现焦虑或者心不在焉的情况，应该立即停止测试，与用户好好沟通，安抚其情绪，再接着完成测试。测试过程尽量让用户感到放松，风格可以轻松幽默点，让用户与你互动，让用户忘掉是在完成任务。

4. 看穿用户

在测试时要跳出来观察用户，不要把自己陷进用户的操作思维里。可以通过有声思维法，让用户在测试的过程中自然地说出自己的使用感受。不要过度地引导用户，让用户按照自己的思维习惯进行操作，观察其操作过程。

用户不一定会说真话，有操作失误或出现其他问题时，用户可能会告诉你没问题，挺好的。所以我们不仅要记录用户的话，还要观察他的话与他的操作行为是否一致。如果来不及或者错过了一些细节，测试完成后可以通过调取录像反复观察用户操作，挖掘用户真实的想法。

5. 寻根问底

用户在讲述问题的时候总是轻描淡写，这时候应该追问用户，多问几个为什么可能会找到背后的真正原由。普通用户可能不像我们想的那么思维细致，语言组织表达到位。有时候他的思维并没有准确地通过语言一下子表达出来，一开始讲得比较大概或是很抽象，我们需要不断追问用户，帮助用户把自己最真实的想法表达出来，陈述清楚。适当地帮助用户归纳他陈述的关键词、要点，让用户确认是否与我们理解的一致。

可能你知道很多调研方法和调研理论，但往往在实际调研的工作中，会有这样或那样不可预料的事情发生，从而导致调研不准确。所以我们应该灵活处理，注重调研测试中的细节，精准地抓住用户的痛点需求，挖掘隐藏在背后的问题，不断实践，总结经验，以免影响接下来的设计成果。

2.3.2 透过数据了解用户

设计师不是数据分析师，为什么也要了解和分析数据呢？因为通过分析数据可以了解到数据背后隐藏的用户行为。所以，看懂数据很重要，这里讲的数据是产品上线以后，后台记录的用户数据。分析这些数据，有助于为迭代需求提供数据依据，有助于设计决策，权衡来自用户与业务的诉求，推动产品良性发展。

1. 数据的作用

看似简单平凡的数据，实质隐藏着用户的需求和商业目标。通过数据分析，可以了解用户的行为习惯、操作逻辑和期望需求等用户信息。从侧面也可反映出产品某些功能或者布局的不足和漏洞，从而及时修正产品错误。从长远的目标来讲，可以转化为新版本的需求来源，提升产品的质量，增加用户黏性。所以交互设计师要主动介入数据的分析，时刻关注数据变化，即是在关注用户的动向。

2. 数据的来源

数据的来源有很多个渠道，有第三方提供的数据监测平台，如Google Analytics和CNZZ数据专家等。部分公司也有自己的后台数据库，举个简单的例子，微信公众号的后台管理中有个“用户数据”栏目，可以看到简单的数据，如新增人数、取消关注人数，此外还能看到用户的归属地，使用设备等。还有新浪微博管理中心的“数据中心”折线图可以直观地看到粉丝的增长情况。随着互联网的发展，想获取用户数据其实不难，像新浪微博甚至直接把简单的数据呈现给普通用户，把数据的作用最大化。

3. 数据的分析

数据分析是一门复杂的学科，学习起来难度较大，要短时间内全部掌握并不可能。所以一般交互设计师常会用到几个基本分析方法，结合分析问题的目的选择合适的分析方法，有目的性、有针对性地去分析项目所需要的数据。例如，对比分析法、平均分析法、分组分析法等。数据分析不是主观猜测，需要数据来说明问题，沃尔玛超市的“啤酒与尿布”案例就是在数据分析中得出来的。啤酒与尿布本来没有直接关系，沃尔玛通过“购物篮”分析，发现啤酒与尿布在“购物篮”中频繁地出现。于是把两者摆在一起销售，获得了很好的销售收益。

4. 数据的结果呈现

数据的结果呈现就是数据分析报告，经过前面数据埋点的方式收集相关数据，整理分析并形成结论，纳入下一版本的迭代需求。数据分析报告的格式呈现，与其他分析报告类似，先介绍项目产品的背景，分析报告的目的，再展开具体内容的分析，最后是总结或建议。重点在于具体内容的分析上，这里给个思路供参考。

明确目的与数据：在未拿到数据之前，交互设计师可以根据自己想了解用户或产品哪些方面的信息，有目的性地把关心的数据提前告诉相关技术人员，做重点获取。

数据分析：把行业数据与自家产品数据进行对比，发现产品具体数据的优劣。深入展开数据背后的内容，通过小范围的用户定性调研，直接访问用户的想法，了解隐藏在数据背后的原因。

总结报告：把发现的问题呈现，加上数据辅助说明，解释问题的原因，最重要的是要结合实际情况给出最合理的问题改进方案。

数据分析适合在产品稳定期进行，透过数据可以了解用户的行为习惯、认知想法，更进一步地完善功能，改进产品，真正做到以用户为中心的设计。

2.4 交互设计有方法

2.4.1 交互设计常用原则

任何事物都有其遵循的规律和原则，交互设计中也有很多定律和原则。随着科技的发展和时间的迁移，也会发生一些变化。本小节选取一些交互设计过程中经常用运的设计原则，并通过实际案例加以描述，让我们可以快速掌握交互设计原则的要领。

1. 遵循用户心理模型

心理模型也叫概念模型，是用户对科技的认知，往往比较简单，指事物的表面。与心理模型对应的是实现模型，反映科学技术背后的复杂原理。介于两者中间的是表现模型，即设计师表现出来的交互界面。三者的关系是，表现模型更接近心理模型就更好。简单地说，就是遵循用户生活中的习惯或经验，从而建立最有效的方法，来帮助用户完成接下来的某些任务或流程。

最显而易见的例子，如输入法的联想、模糊检索等。这点来说非常重要，在项目的设计当中，遵循用户心理模型，是做好用户体验的第一步。是让你的产品更体贴用户，更了解用户的基础。

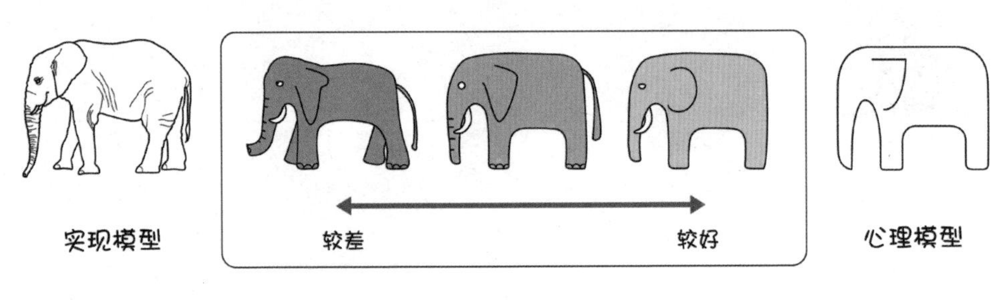

表现模型

2. 少就是多

例如，视觉上的扁平化，从拟物化蜕变成扁平风格，节奏更加轻快；再例如，工业设计上的扁平化，像苹果产品追求极简，无印良品从不做多余的结构设计。当然在交互设计中也不例外，交互设计的扁平化，是用最少的设计元素完成最多最复杂的交互行为。

在项目中，经常会遇到的一个问题是产品发展到一定阶段，会出现一些“大而全”的功能。而产品的极简主义方法就是此类产品的用户需要什么，我们就给予什么。把产品的核心充分展示，突出亮点才能得到用户的喜爱。

3. 工具就放在手边

寻找工具其实是对复杂性的妥协。工具的选择和操作必须简单，保证工具的信息是清晰呈现出来的，同时工具之间的变换是快速和简单的。

当你使用Photoshop时，每次都需要你去切换或者找工具出来，你会是什么样的心情?

4. 全面考虑问题

假如，你的设计中有可能存在错误的发生，即使发生的概率十分低，也应该为这种可能性提供解决方案。说得简单一点，就是要尽可能全面地考虑问题。

在实际设计过程中，我们一般会先关注正常的场景，很容易把异常的多种场景忽略。设计阶段应该从全局考虑，多为失败流程或操作限制等场景做出兼顾。

5. 避免不必要的报告

用户在使用产品时，并不关心后台系统正在处理的数据或运作流程。一些对用户来说没必要的数据报告，容易让用户分心。从某个程度上讲是打断了用户的操作，破坏沉浸式体验。

在交互设计上的表现，如“交易已经被记录”“数据已经传输”等这些用户根本不需要了解的通知都要尽可能地避免。一些重要信息需要报告时，也应该避免直接采用对话框的形式打断正在进行的交互，可采用正常事件的展示方式来报告，弱化信息提示。

6. 避免空白状态

这里的“空白状态”并不是指空白页或无结果的意思，而是你设计的产品能够根据之前的经验建立在一个相对正确的假设上，给用户推送准确的内容或帮助他完成任务等。例如，帮助用户记住密码、登录状态，根据用户的浏览记录推送“猜你喜欢”等功能。避免空白状态，帮助用户记录、分析和思考。

7. 提供选择而不是疑问

提问不等于提供选择，和被提问的人相比，提问的人更优越。权威者提问，从属者作答，向用户提问让他们感到低了一等。较少提问的交互产品会让用户感到更聪明、有礼貌和考虑周到。

如今的App就很少采用对话的提问方式了，如“你确定要取消吗”“你确定要退出吗”“你确定要删除吗”之类的，估计用户看多了会疯掉。

8. 优化响应，调节延长时间

在尽可能少的响应时间下进行尽可能丰富的交互设计，同时也要提供可以适应已经选择了而无法重新退回这类情况的设计。当响应时间不可避免时，与用户交流情况，为他们提供取消导致延长任务的方法，或者能够让他们在等待的时候进行其他的工作。

如今，比较普遍的做法是通过文字告知当前状态，如“玩命加载中”或是通过动画加载，转移用户的注意力，减少用户在等待时产生的焦虑。

总的来说，创建一个成功的产品需要的不只是有用的功能。也必须考虑如何区分功能性的元素，使用户在完成自己的任务时获得你所设计的“度”的体验。好的交互设计通常不会让用户敬畏其魅力，有时甚至不会注意到，因为好的交互设计是让用户察觉不到设计的存在。

2.4.2 实战：解析那些记不住的定律

初学者对交互设计的定律总是一知半解，即使知道了但又记不住。本节剖析常用的7个交互原则，用最浅显的文字与插图表达它们的意思。

1. 一张图看懂费茨定律（Fitts's law）

第1点：按钮类可点击对象，需要合理的大小尺寸，对象越小越难选择。

第2点：边和角是最大目标，最容易被找到。

第3点：操作对象旁边的控制菜单打开速度快（右键菜单）。

当用户在苹果官网选购笔记本时，颜色和配置是必选的操作，被选择的目标内容相对于其他内容是巨大的，这样能让用户更快地选中自己所需的颜色与配置。右下角的“选择”按钮固定在信息条上，不会随着用户的上下滚动操作改变位置，在边角的它更容易让用户发现。

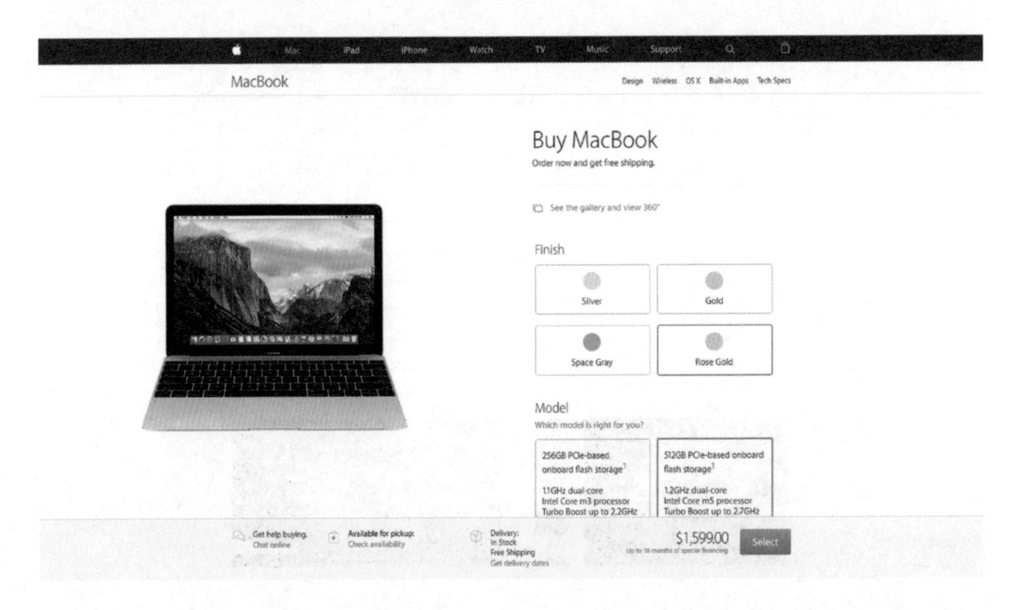

2. 一张图看懂希克定律（Hick's law）

最好同时展示更多选项，也要掌握好展示数量的“度”，避免过分展示。

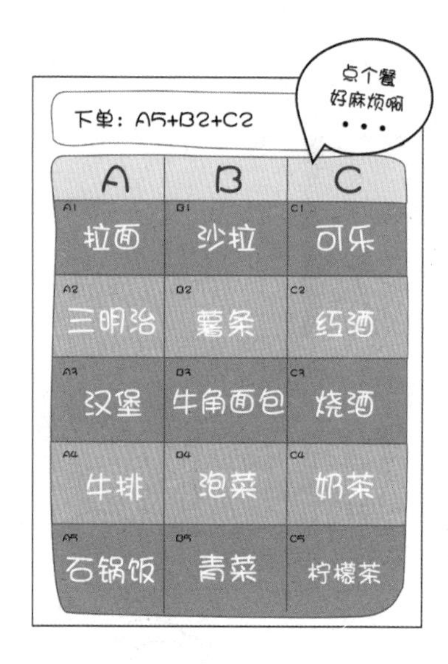

eBay网页端在展示商品内容分类的时候，把类别的名称和类别中的部分内容展示出来，让用户在浏览商品时，能快速地定位到某个类别中去。但是eBay并没有把所有的内容都展示出来，点击某个类别则进入该类别的所有栏目中。同时展示更多的选项，但绝对不是无约束的全部展示，eBay在内容分类展示上很好地控制了展示的“度”。

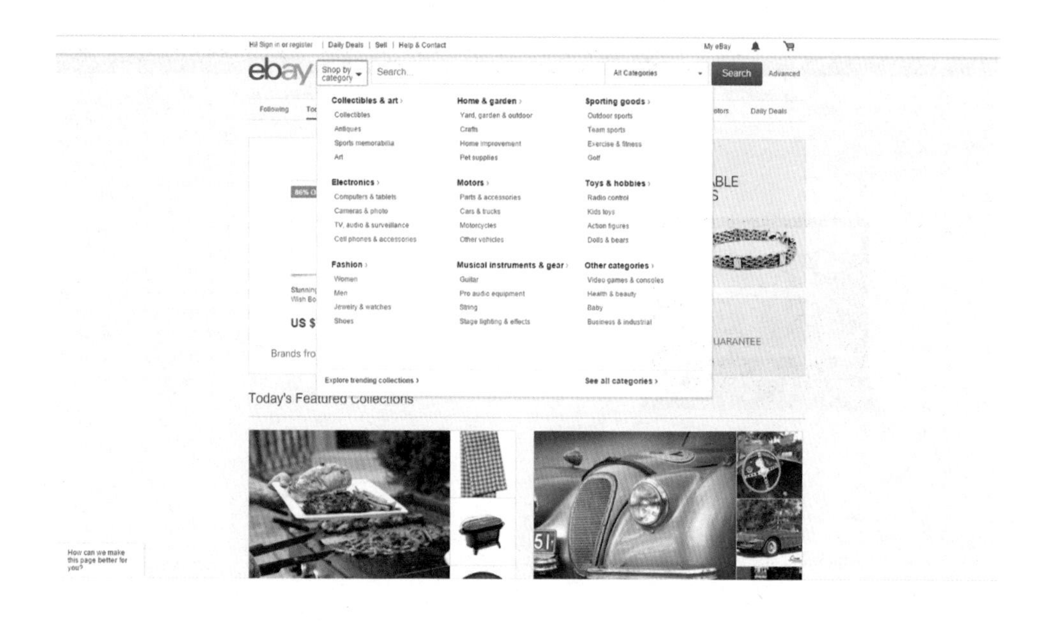

3. 神奇的数字“7”（The Magical Number Seven rule）

人脑短期记忆的个数是5~9个，设计一些常用内容时，分类个数不可过多，会给用户造成记忆负担。

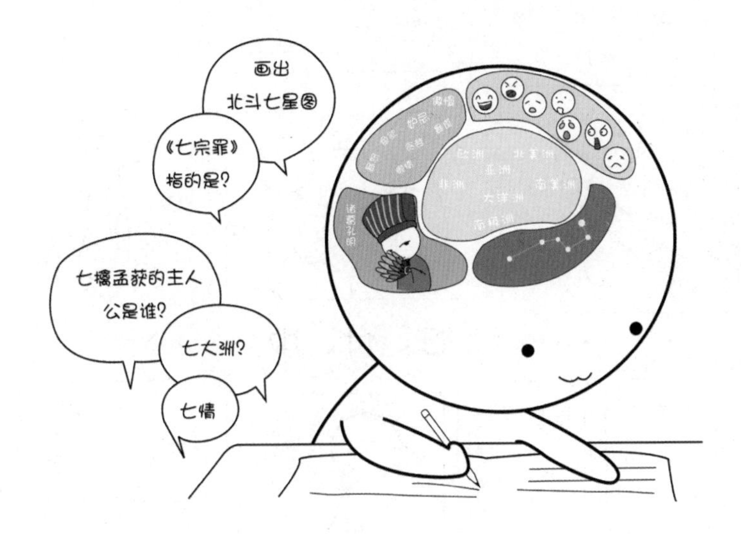

eBay、H&M、PayPal、TED、苹果官网等常见的网页端中，导航的分类个数一般是5~9个，因为7左右的数字符合人类大脑的短期记忆量，不会给用户带来心理负担。导航是用户使用比较频繁的位置，过多的数量会导致用户心理负担增加从而厌倦内容。

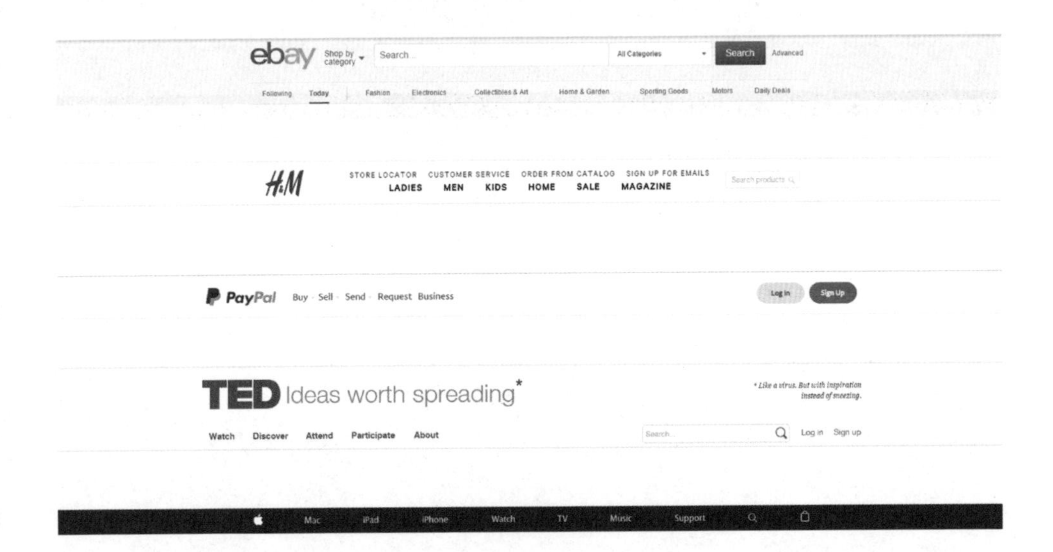

4. 一张图看懂特斯勒复杂守恒定律（Tesler's law）

第1点：每个事物的过程都有其固有的复杂性。

第2点：所有过程都有一些不能再简化的元素。

第3点：找到合理的地方转移产品的复杂性。

在网上进行购物时，无论使用哪家购物平台，购物流程和登录的步骤始终无法避免，但在用户购买商品的过程中，设计师可以简化或者合并一些信息或流程，以此提高购物的效率。例如，把配送地址与配送方式合为一步操作，优化购物流程，提升购物体验。

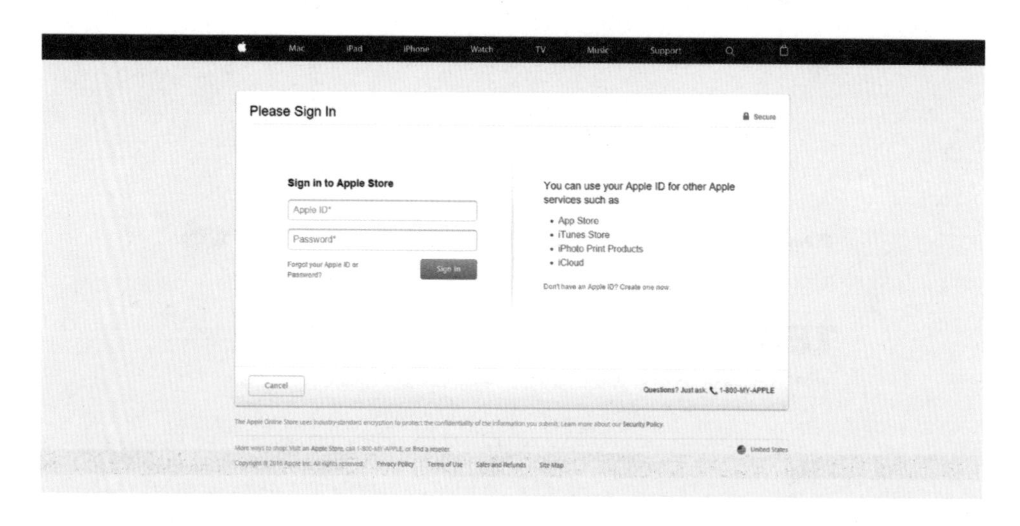

5. 一张图看懂防错原则

表示错误：使用条件没有被满足而出错时，要有错误的标志。

解决方法：通过图标提示或其他方式表明如何才能满足条件。

用户在使用Instagram客户端注册账号时，当用户名输入有误时，顶部会有弱提示出现：提醒输入内容有误，并说明错误原因。以此来防止用户在填写完内容点击继续时再次出现错误提示，让用户及时修正错误。

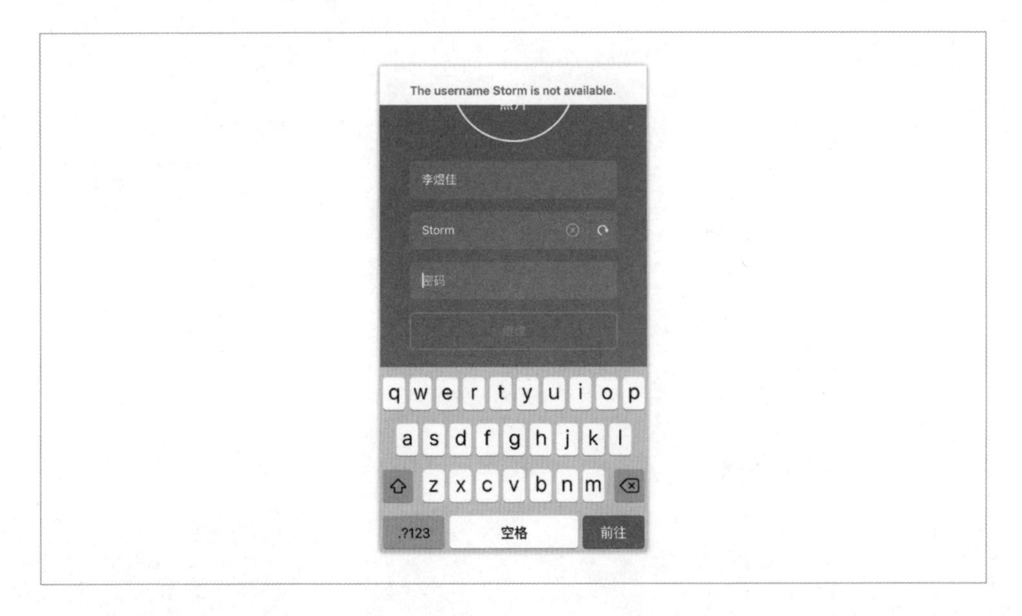

6. 一张图看懂接近原则

相互靠近的对象，我们潜意识会认为他们彼此相关。

eBay网页端的商品详情页面中，Buy it Now和Add to cart相靠近，在样式上也相同，用户会潜意识默认为两者彼此相关。Add to watch list和Add to collection也同理，用户的第一视觉感官上会认为两者彼此存在一定联系。若设计者违背了接近原则，把不相关的对象放在一起，用户的第一意识也会认为他们是相关的，如Buy it Now与Add to watch list放在一起，用户会默认它们两者相关。

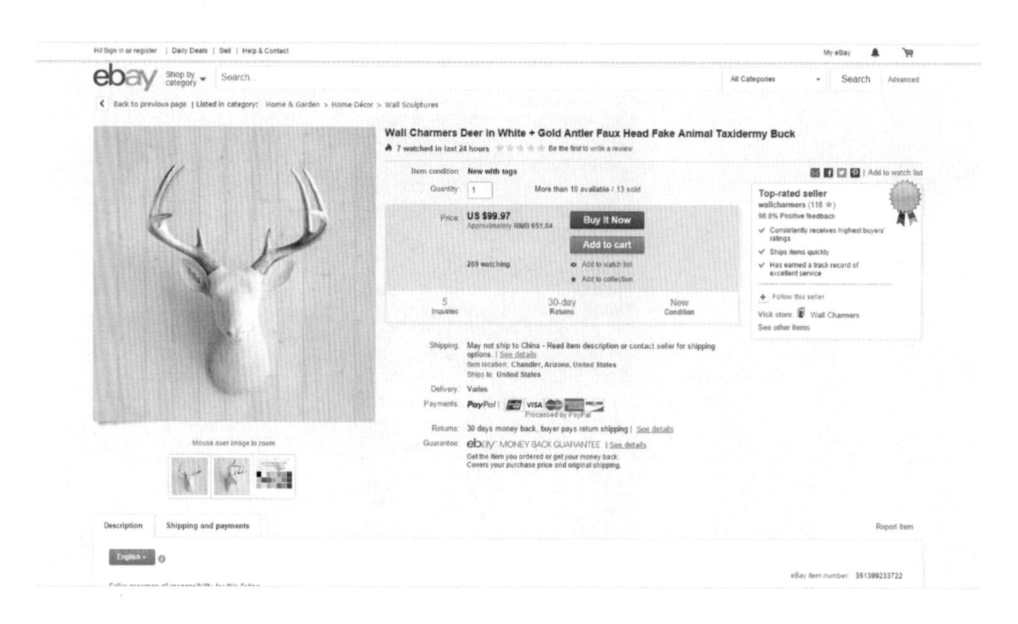

7. 一张图看懂奥卡姆剃刀原则（Occam's Razor）

“简单有效”，有两个功能相等的设计，我们会选择最简单的那个。

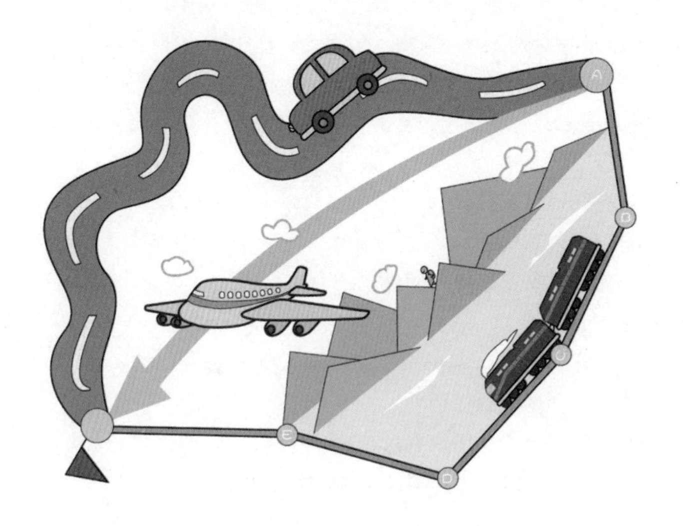

在iOS系统的App Store中购买应用时，输入密码与使用Touch ID都可以完成支付。但用户会偏向使用Touch ID，录入指纹完成支付。简单有效的方式，对用户来讲是最佳的。

在实际的交互设计中，我们会根据实际需求、场景需要等综合因素考虑，做出最适合当下环境的设计，不能按图索骥，死守规则。

2.4.3 核心流程分析

登录、注册、忘记密码几乎是每个产品必备的流程。从用户的角度分析，用户不喜欢注册，不喜欢每次打开应用都需要填写密码。这里我们可以把用户想象为“又懒又忙”的人，如果你的注册过程过于烦琐，那么用户肯定没心情跟你玩下去。所以有两点很重要：第一，不要一进来就让用户登录或注册，会吓跑用户的。第二，注册流程要尽可能地简短，让用户快速完成。

如果从界面的角度分析，可以注意以下几点。

第1点：告知进度，过程可视。

第2点：及时报错，并有正确输入的提示。

第3点：可中途放弃操作。

第4点：帮助用户记忆内容。

第5点：告诉用户填写内容的作用。

第6点：自动获取焦点，减少用户点击。

下面以一个App为例子，分析过程中具体的交互细节。

如下图所示，是一个普通App的注册、登录、忘记密码流程，当然根据每个App的业务背景不同会有变化。

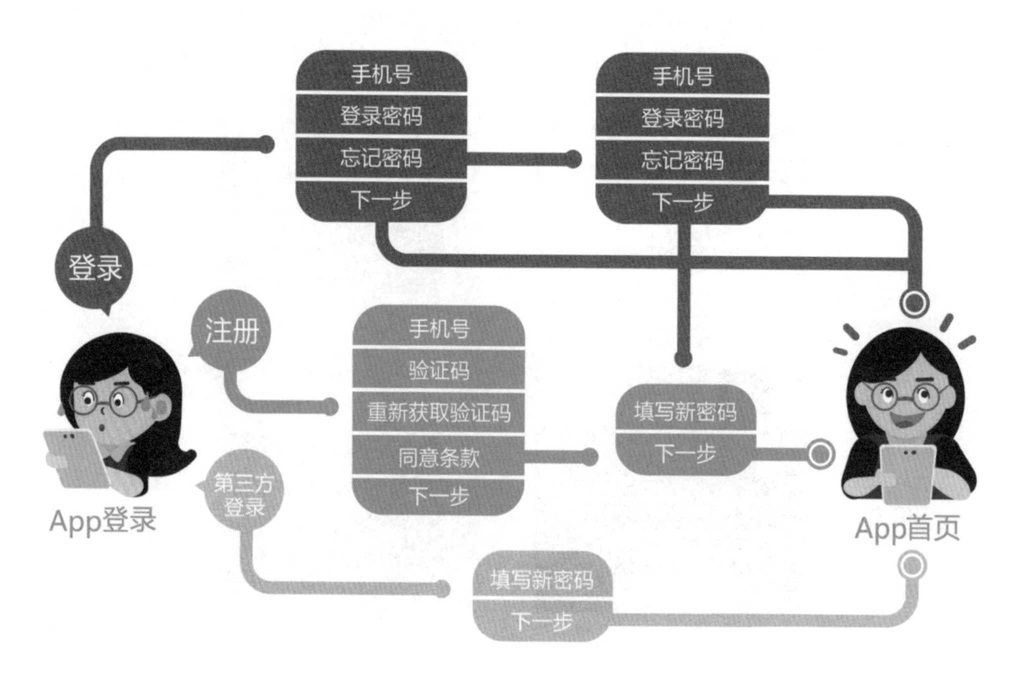

接下来看具体的页面分析

1. 登录页面

按照前面的说法，用户肯定不是一打开App就到了这个登录页面。所以用户应该是浏览一番，触及某些需要登录才能操作的功能，从而被引导到该页面上，或者是用户自己点击登录到达该页面，存在这两种情况。所以应该清楚地告知该页面是“登录”，告诉用户当前的位置。

右边的×是关闭按钮，为什么位置在右边，为什么需要关闭按钮？根据iPhone6的单手热区操作图（右手操作），不难看出，放在右边更利于用户单手操作。关闭按钮告知用户随时可以撤离回到之前的页面。用户可能是在外面被引导进来，自己并没有要登录或者注册的意愿。若强制规定用户到达此页面就必须要进行登录或注册操作，用户很可能会直接把App关闭了。

接下来是两个输入框，位置为什么靠上，而不是居中？原因一，靠上有利于与下方的注册、第三方登录信息拉开。根据“靠近原则”，相靠近的对象，我们潜意识会认为它们彼此相关。原因二，靠上有利于用户获取焦点时，下方弹出键盘不会遮住输入框内容的信息。

为什么输入框内用图标加标题的形式？原因是图标加标题的形式，有利于用于对输入框标题的记忆，假如获取焦点后标题文字消失，对照前面的图标，用户更容易想起标题内容，从而做出正确填写。

输入框与登录按钮的距离，为什么相隔得比较远？原因一，按钮与输入框本身不是强相关的，可以在距离上稍微拉开。原因二，用户聚焦于输入框的点击操作，可降低误操作的概率。原因三，利用中间的距离可以做账号密码出错的提示等文案信息。

“忘记密码”作为一个二级操作，采用文字链接的形式，位置靠左方便在需要时容易被发现。

“注册”放置在下面比放在登录按钮下面更容易被发现，利于用户快速找到注册入口。

最底下是第三方登录的入口，如果接入的第三方入口较多可以直接使用第三方的图标，易于识别。

细心留意你可能会发现为什么没有记住账号的功能。原因是一般用户除了有多个社交账号之外，很少在其他应用类注册多个账号。第二次登录默认是自动登录账号的，一些安全性级别要求高的应用除外。要知道，界面上每增加一个元素、功能、操作甚至图标，对用户来说都一种负担。

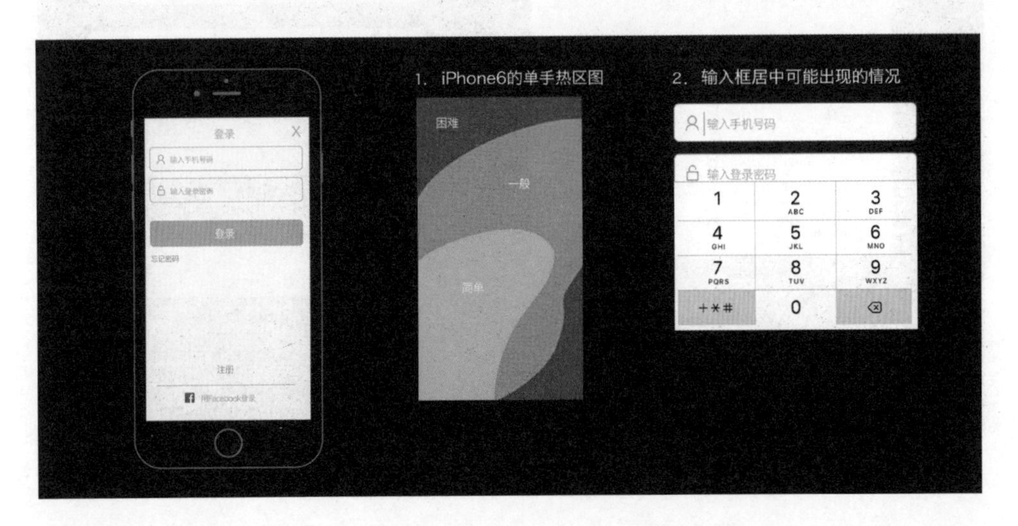

2. 登录页面获取焦点

手机号码输入框，获取焦点时自动弹出键盘。焦点消失时，检测输入格式是否正确，若不正确则输入框会变红。如果等到用户点击登录再作判断，会耽误时间，用户又要返回修改，及时反馈错误很重要。对于号码的输入格式要放宽限制，如支持输入号码、86+号码、0086+号码等参考国际手机号码格式。

密码输入框，登录时输入密码的行为比较频繁，一天可能会输几次密码。所以应该帮用户保密，获取焦点与失去焦点状态密码都为不可见状态。值得注意的是，当我们在输入框进行填写时，后面要有对应的删除按钮×，可以快速清除输入内容。

3. 注册页

短信验证码不同于图片验证码，图片验证码可能输入完毕就可以校验输入是否正确。短信验证码可能需要结合手机号码提交到后台检测。所以在这个过程中，不排除由于网络原因发生失败或者验证码输入错误的情况，需要把对应的交互样式做出来。

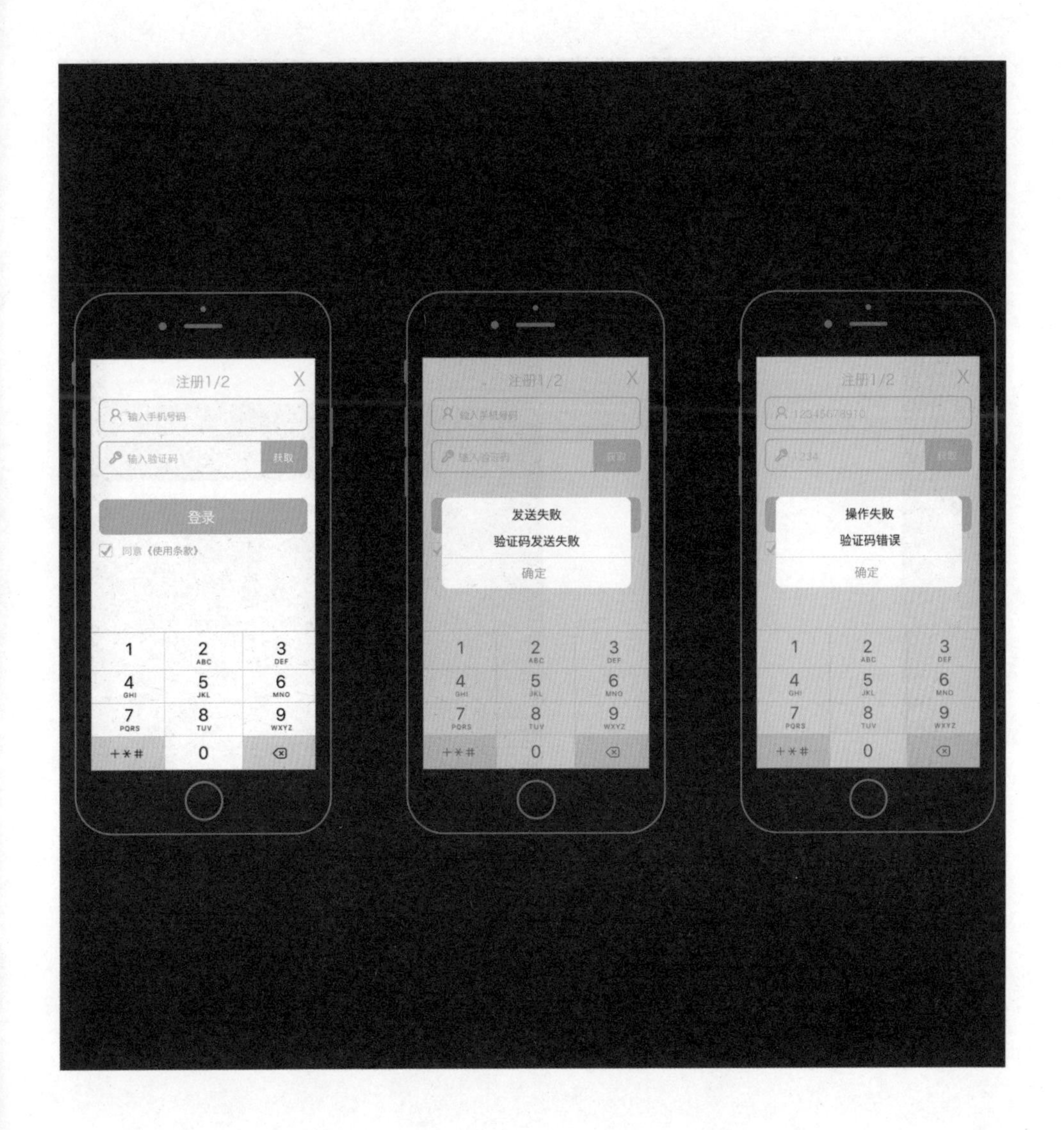

4. 注册页之二

为什么只输入一次密码？因为相对输入一次密码而言，两次输入用户更容易错误，输入错误之后，很有可能需要两个输入框都重新输入。注册不同于登录要频繁在登录页面输入，注册流程只需要输入一次密码就完成了。现在每个人心中都有一组常用的密码，来应对注册需要。所以在这里，把输入设计为获取焦点时密码可见，方便用户看到是否输入正确，失去焦点时密码不可见。以此来减少用户多一步的操作，和提高注册效率。

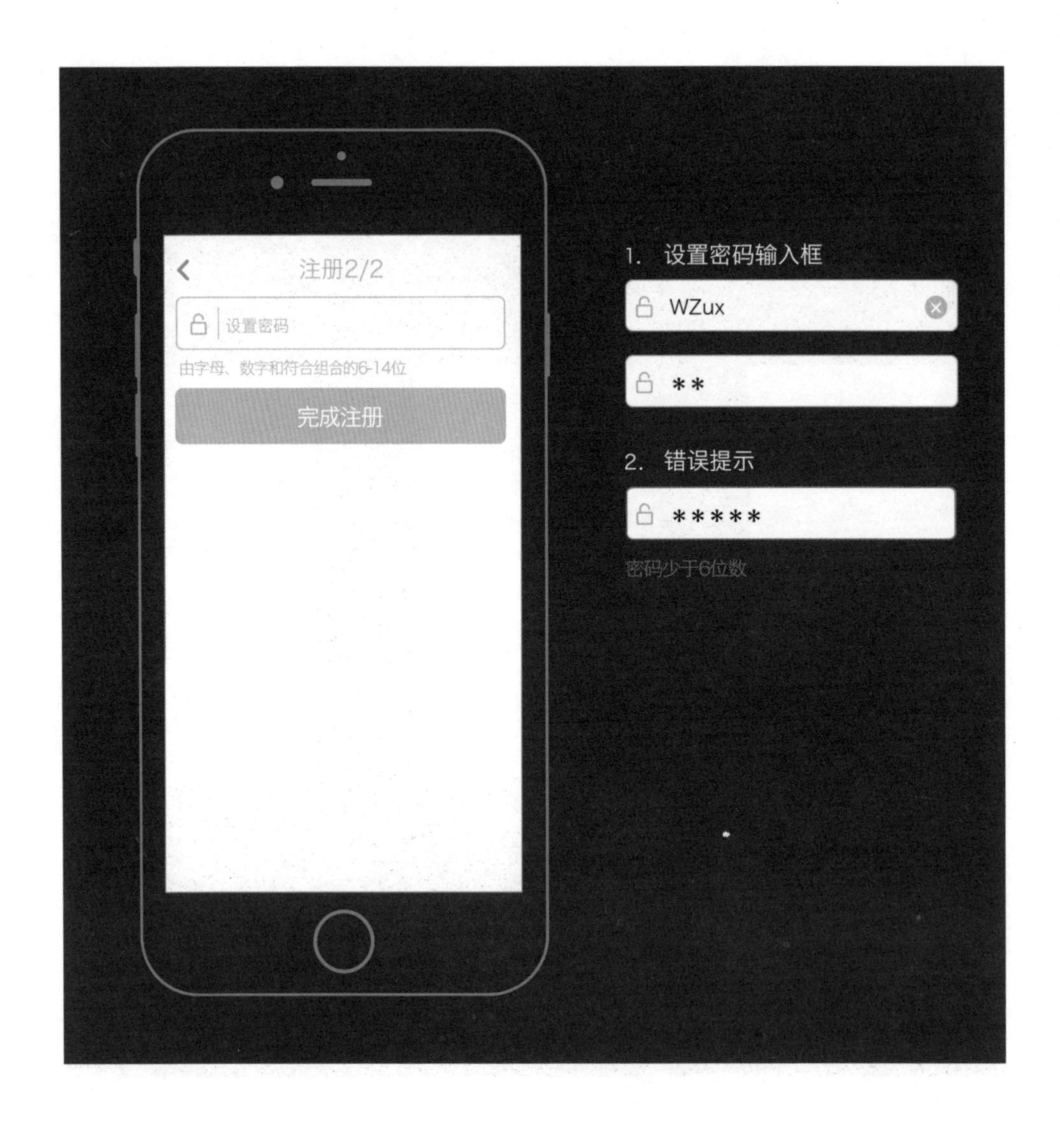

5. 注册完成页

完成注册后需要反馈给用户，同时反馈程度又不能太强，以免打扰用户，例如，用弹出框形式告诉用户注册成功，需要用户确认后能进入主页面，这就会打断用户的整体使用体验。如果在状态栏或导航栏下方出现文字“登录成功”的弱提示，告知用户完成操作成功，就会让用户的体验更好。

注册成功并自动登录，出现的时间为3秒，可以告知用户当前的状态。值得注意的是，这种提示一般视觉上用蓝色来表示。黄色表示警告，红色表示错误，绿色表示成功，蓝色表示信息提示，在视觉上不能混淆。

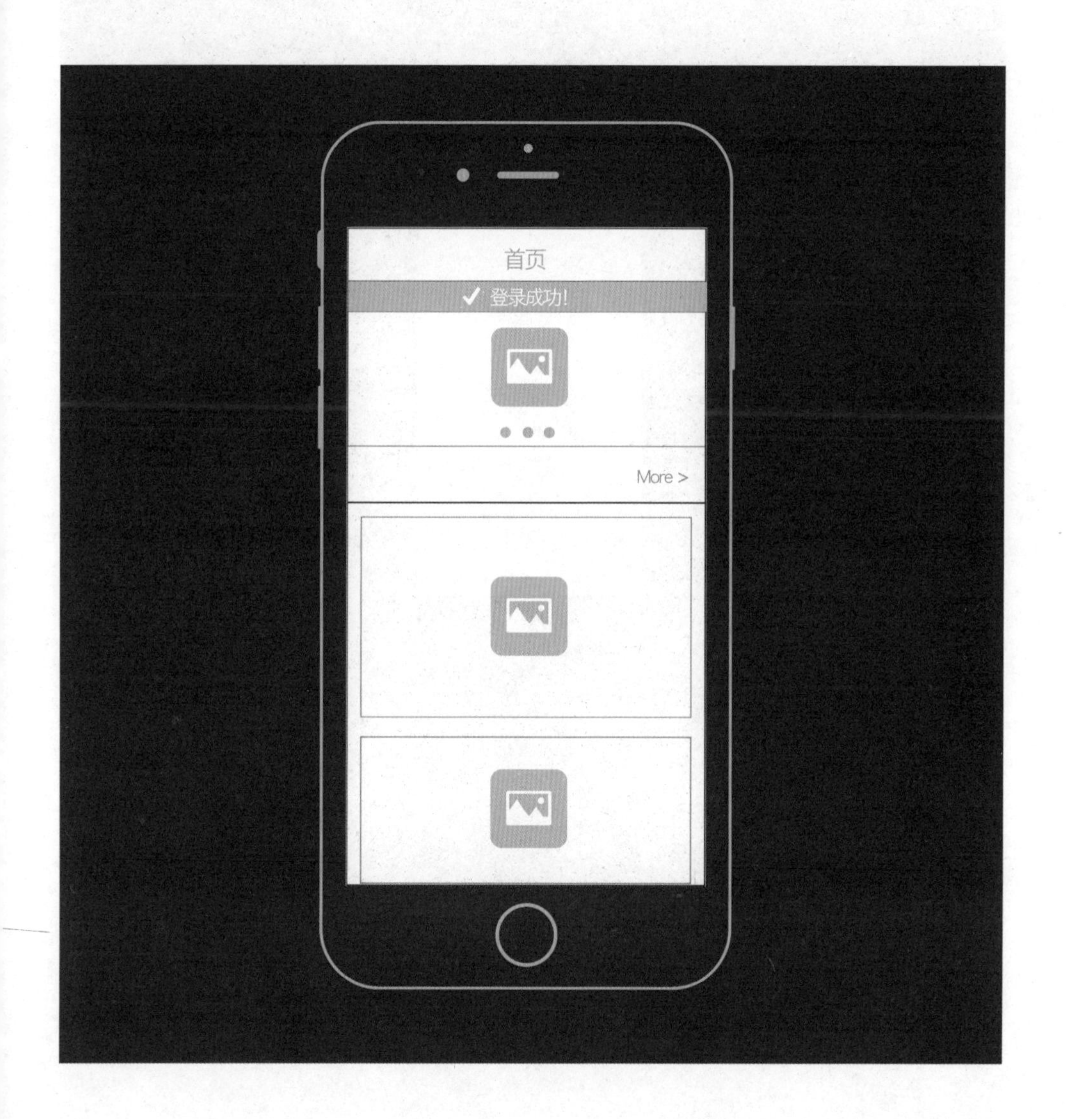

6. 忘记密码

忘记密码的做法与上面类似，不再重复。但是在写交互说明的时候，如果有重复的交互说明，不能省略，必须每一部分都要解释，确保后面开发和视觉等人员都能看得懂。

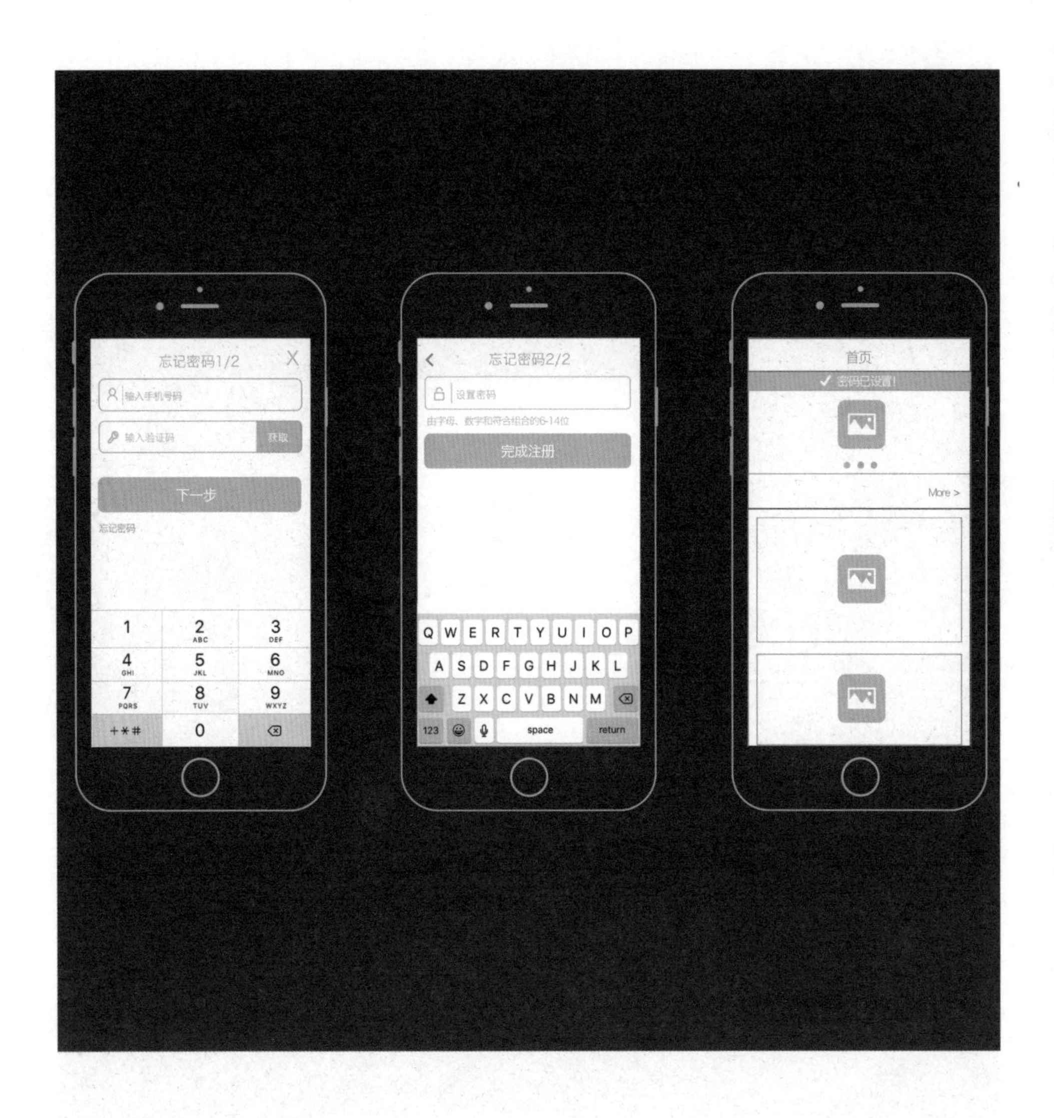

7. 错误样式

在平常做设计时会很容易想到正常的使用流程是怎么样的，而把一些失败的场景忽略了。这里我们需要考虑网络中断、系统错误等场景，给用户准确的错误提示，告诉用户问题出在哪里，如何解决。

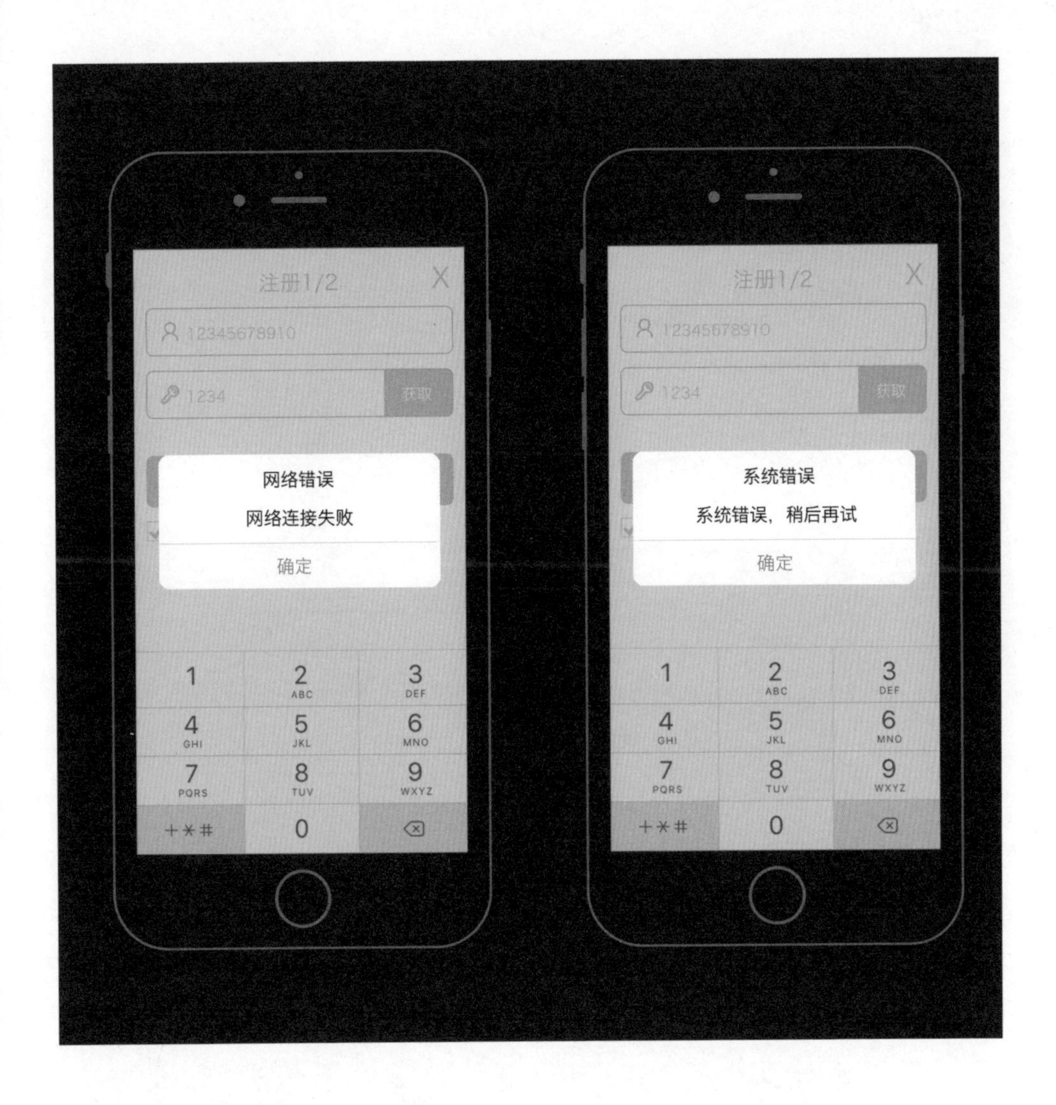

一个登录和注册流程需要考虑的问题有很多。当然根据项目性质不同，可能需要考虑的还不止这么多。

2.4.4 Web交互元素规范

交互设计中所使用的基本元素和元件都是一样的，不过在不同的场景下可能有不同的表现形式，但其根本的功能与作用还是不变的。

1. 控件

复杂的交互界面是由一个个控件及其他元素组成的，每个控件或元素都有不同的作用，交互设计师的一部分工作就是把这元素应用到界面中去。所以，在学习交互设计之前，我们需要了解这些控件的不同交互状态，方便我们选择适合的控件到设计场景中去。

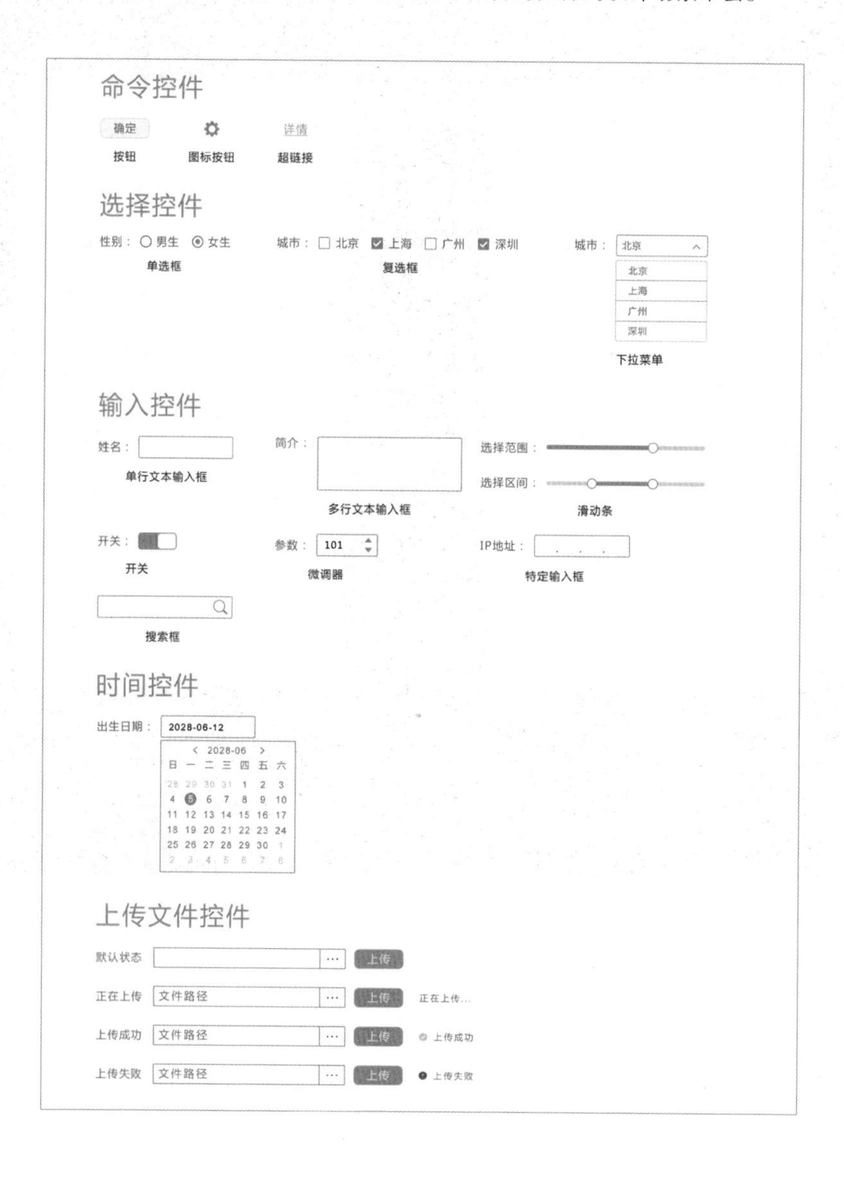

2. 导航

导航是交互界面中不可或缺的一个重要部分，无论是主导航还是辅助导航，无论是菜单导航还是区域导航，导航的形式都会影响界面框架的布局。

3. 其他元素

交互界面中由于业务或产品形态的不同，存在着各种各样的交互元素形式，这些新的交互元素形式可能是由原来的某种交互元素演变而来的。

提示框

成功提示 上传成功 ×

消息提示 接收完成 ×

警告提示 暂无权限 ×

错误提示 上传失败 ×

Tip提示

请输入密码 请输入密码 请输入密码 请输入密码

面包屑

Home / iPhone / iPhone 7

翻页

< 1 2 3 4 … 10 >

< 1 … 4 5 6 … 10 >

< 1 … 7 8 9 10 >

规范并不意味着要墨守成规，实际工作中要在了解规范的基础上，不断地去探索创新。只要符合交互原则，并且可以满足用户需求，又行之高效的新交互形式都是被提倡的。

2.5 产品的可用性测试——一个人的可用性测试

看到标题你可能会好奇，为什么是一个人的可用性测试，一般完成这个工作不是得两个人以上的团队协作吗？没错，但是可能有些小项目或小功能的测试，由于团队资源有限，一个人其实也能完成测试的工作。前提是需要有测试的经验，熟悉操作流程并提前做足功课。

2.5.1 材料准备

访问前备齐相关材料：如《用户知情同意书》或叫《保密协议》一式两份，《用户基本信息卡》用于记录用户的背景资料，《任务测试问卷》用于访谈时对用户操作的任务设定、提问设定和及时记录等。

访问所需器材：纸、笔、录音器材、照相机、摄录机、礼物等。

其他：对《用户基本信息卡》进行用户编号，方便翻查。准备好测试机器和测试工具，确保访谈过程中能正常工作，建议准备两个测试机器，以防不时之需。

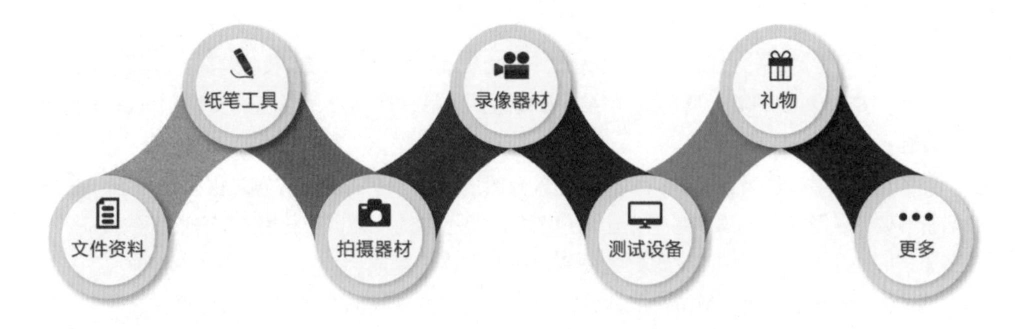

2.5.2 找准用户

由于是一个人的工作，所以准备材料与寻找目标用户要同时进行。

第1点：寻找目标用户相对来讲比准备材料更加重要。因为只有找对了用户，才能更真实地反映测试结果，才能达到事半功倍的效果。每个地区、国家等由于地域文化的不同，环境对人的影响不同而造成用户具有差异性。同样地，产品设计应该考虑受众用户，找到产品的目标用户进行测试，不要害怕麻烦就随便找个人充数。如果不严加筛选会导致测试结果不理想，某些用户性格内向不爱说话，不擅长表达自己的观点，也会给测试带来一定的挑战性，所以在测试之前最好能与他们初步交流一下。

第2点：陌生的用户不会平白无故跟你做测试，应该提前告诉他们事后可获得的报酬，让他们在过程中配合你哪些工作，告知他们测试过程可能会录像。避免用户过来之后不配合录像信息采集而放弃测试的尴尬。

第3点：用户尽量不要找太过于熟悉的同事或朋友进行测试，过程可能会略显尴尬。避免因为个人情感因素影响到测试的结果。

第4点：测试用户数量不是越多越好，一般6~8个最为合适。超过8个之后发现的问题基本与之前的用户大同小异，此时你也就没了之前的测试欲望，浪费时间且效率不好。

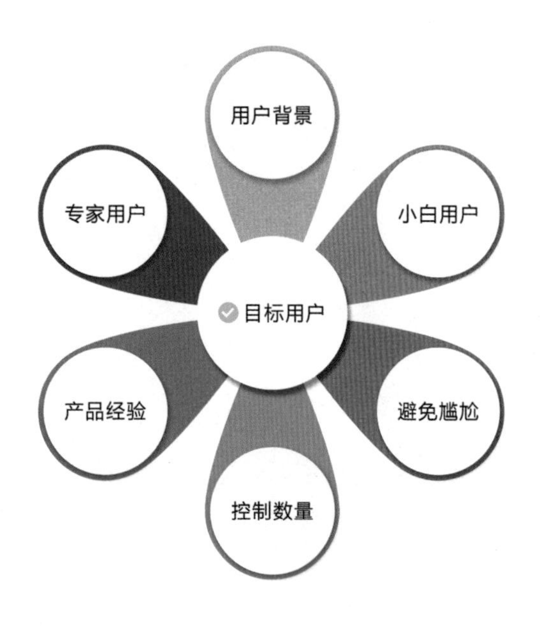

2.5.3 测试过程

第1步：约定用户。提前到达测试地点，调试测试的机器，检查测试所需的工具设备是否齐全可用。搭建测试环境，所需的网络或者其他要求等，确保测试环境的安静，可适当准备些零食让用户放松状态。

第2步：介绍。进行自我介绍和产品背景介绍以及接下来的测试内容过程大致介绍，并签订保密协议，获取用户基本信息。先让用户了解和熟悉你的产品，答复用户一些相关的疑问。

第3步：测试任务。按照设定好的任务，让用户逐个完成。

第4步：观察。按照之前拟好的测试问卷，关注用户在操作中遇到的重点问题。

第5步：提问。对用户操作的内容进行提问，了解用户操作的思路。

第6步：记录。记录用户的回答或操作中发现的问题。记录用户操作是否成功，过程中求助等细节。

第7步：打分。让用户对任务的操作难易度进行打分。

第8步：回顾。和用户一起回忆体验整个产品的过程，让用户说说最深刻的体验感受，如爽点或者遇到的痛点。并由此展开相关产品的一些问题。

2.5.4 测试结果

结果是最重要的一步，前面所做的一切都总结在一篇《产品可用性测试报告》中，你工作的成果也将在里面体现。

部分用户不擅长表达自己的观点，或者表达不清晰。测试结束过后，需要我们回看录像或回听录音，联系上下文，帮助用户整理表达完整的观点。翻看录像，挖掘用户语言与操作行为不一致的细节，或是用户操作背后的深层原因。例如，用户出现操作错误但他并没有认为产品不妥，可以接受产品的错误，或者认为是自己的原因，所以在测试过程中并没有表达出不满。

整理每个任务发现的问题，并把问题分类，如用户反馈的问题、用户潜在的问题、产品交互上的问题、视觉上的问题等。把问题按照高、中、低等级维度划分，把问题归档成为一个直观的表格。最后为每个问题提供解决方案建议，或有其他方面的额外建议。

整理用户的任务评分，做成数据图表，可以直观地看出各任务的完成情况，用户的满意度等。

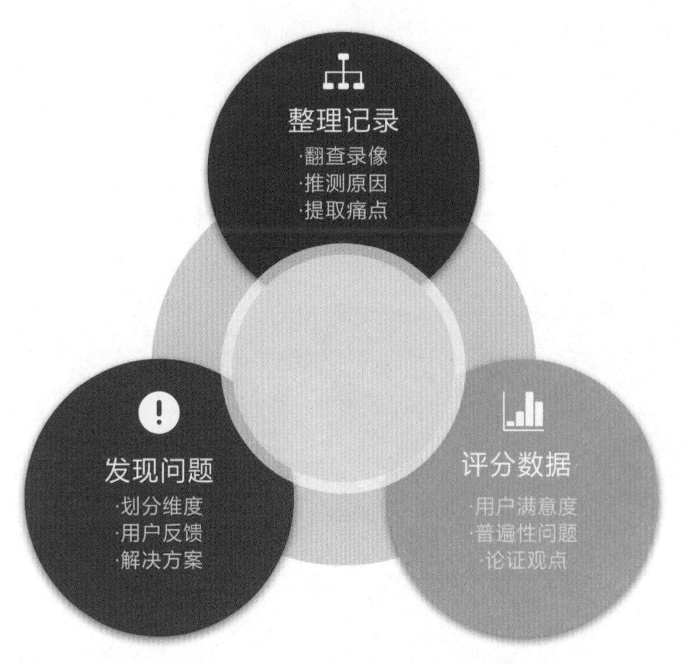

可用性测试数据分析，需要具体详细地分析每个任务，例如，界面出现的问题，出现问题的原因，问题的严重性等级，用户的想法以及最后给出修改的建议。

对小项目或者小功能的用户测试，一个人是足够的，前期的任务与问题可能需要与队友共同拟定，而测试过程可以一对一完成，最大化地发挥交互设计师的综合能力。可用性测试的目的在于发现现有产品的漏洞，及时反映问题，为下个迭代版本提供需求来源。

2.6 使产品健康成长——产品的迭代维护

产品经过了从无到有的过程，也经历了多次的迭代修改，最终上线了。但这并不意味着交互设计师的工作就此结束了，上线管理后零碎的需求工作也会陆续而来。此阶段应该是交互设计师进入产品版本稳定之后，工作成就比较弱的一个阶段。因为不像未上线之前有大的发挥空间，但事实上，我们可以做得更多并且做得更好。

产品的迭代维护阶段，都是一些零散的小需求，可能来自产品经理，可能是开发出现的阻碍，但此阶段的需求不会像项目前期的需求文档那么详细规整。可能是一段描述，或是一次讨论结果，所以在这个阶段交互设计师应该更加主动地来一点修改一点。

2.6.1 从需求中发现问题

维护阶段的需求变更并不大，一般都是产品局部的小修改，有的还是视觉的问题，与交互设计无关。我们可以对这些需求进行整理，归类为业务、用户反馈、开发或者其他问题。归类之后可以从侧面反映出产品的一些问题，例如，业务上的需求占多，那我们就可以反思业务上的不断变更会不会给用户带来不适应。自上而下地发现问题，配合自下而上的问题反馈，改进需求的不合理，使产品得到长期稳健的发展。

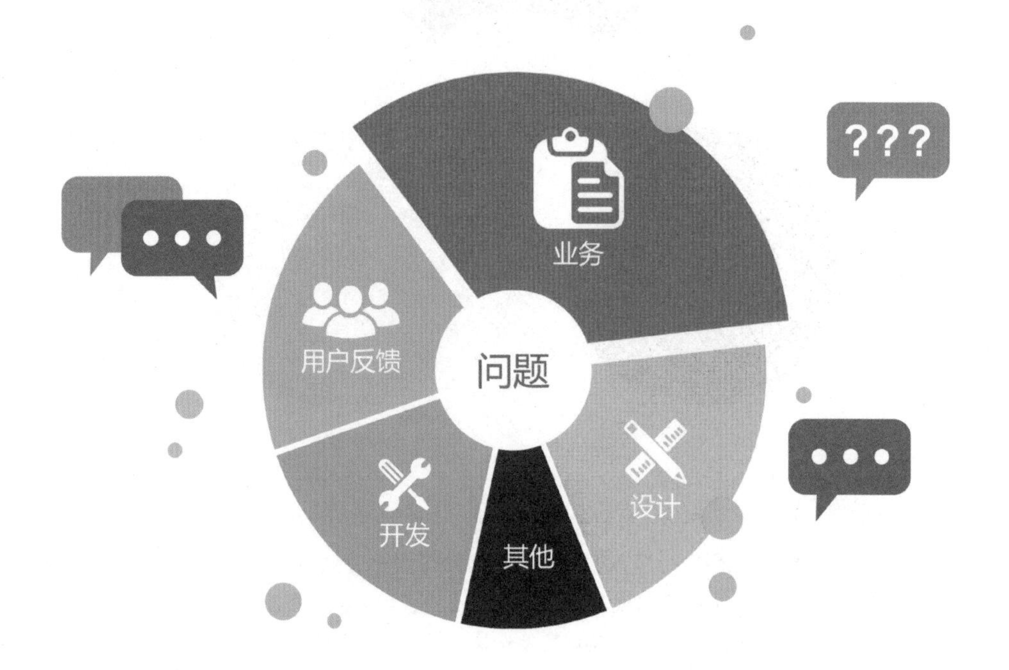

2.6.2 深入了解问题

此部分可分为“用户反馈”和“数据分析”来了解问题。根据后台收集来的用户反馈，分清哪些是个别性问题，哪些普遍性问题，针对这些问题，可以找来一些真实用户了解他们的想法。数据分析，这个并不是交互设计师的强项，我们可以与产品经理一起分析数据。从用户量、流量、内容等方面进行分析，结合用户反馈的结果分析存在的流失率、跳出率等背后的真正原因。

2.6.3 解决问题

通过以上的方法可以发现当前版本存在的问题，先把问题分为两类：紧急问题和非紧急问题。紧急问题，如哪些功能或者页面元素阻碍了用户，导致转化率低下。这些比较迫切的问题要跟产品经理一起商量解决方案，并马上执行修改。另一类则是非紧急问题，可以先记录下来，并且探索出新的解决方案，形成一个可落地的创意概念，为下一版本注入新的活力。

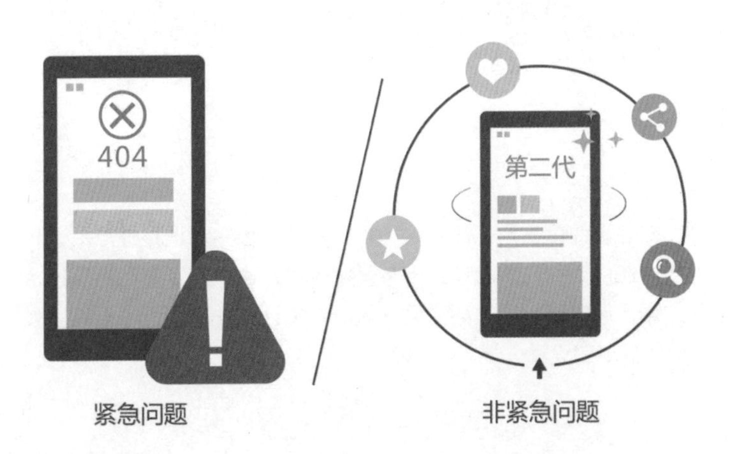

2.6.4 跟进落实情况

开发阶段，总会有一些开发实现与交互设计预期不一致。交互设计师要主动与开发人员沟通，了解他们遇到的瓶颈。开发无法实现的效果主要分为两类情况。第一类是可实现，但是由于时间限制或其他因素，使得当前版本完成不了。针对这种情况，可以暂时换一种交互形式，可能从体验上会比原来计划实现的有所折扣，但也好过直接无法实现预期。与此同时，开发有更多的时间和精力攻克技术难关，实现之后就可以更新上线，保证与预期的交互设计效果一致。第二类是技术上根本无法实现的，所以就需要了解开发的技术可行性范围，避免后面的设计再次出现同样的问题。

总的来说，交互设计师在产品迭代维护阶段应该积极主动地推进产品迭代，加强与产品相关人员之间的沟通。假如在开发前期不与开发人员沟通，不了解他们的技术能力范围，等到开发阶段他们告诉你实现不了预期效果，从而在设计上进行妥协，对体验大打折扣，最终的产品就不能达到预期的设计效果。

身边的体验设计

3.1 动手做个自己的App

3.1.1 Axure工具上手

随着Sketch、Adobe Experience Design等新原型软件等的推出，日后的Axure可能将不再主流，但作为一款绘图工具，多数使用原理都是相通的。由于Axure上手难度低，对硬件设备的要求也不高，所以Axure还是有大部分的设计师在使用。推荐初入门的交互设计师使用Axure，等熟悉交互设计流程之后，可以再学习Sketch或其他原型软件。

1. 基本功能

用Axure可以满足交互设计日常工作的流程图、低保真页面、交互动作等交互稿件设计。以Axure7.0为例，工作界面的“页面属性”和“部件管理”中的功能并不常用，建议直接隐藏，避免版面过于复杂而干扰工作，下面讲3个常用面板的特点。

- **工具栏**

使用频率极高，常用的文字、形状、颜色、对齐等基础功能都在此位置。记住功能相对应的位置或者快捷键，方便第一时间找到它们，提高工作效率。

- **站点地图**

养成使用文件夹管理和命名的习惯，文件夹与页面的性质不同，虽然页面也可以充当文件夹的功能，但页面过多时会容易混乱。

- **部件**

包含了Axure自带的交互控件以及下载或自己制作的元素等。这也是一个交互页面设计开始的第一步，这里的操作不同于其他软件，直接拖曳一个元素到线框面板即可使用并可以对其进行编辑。

2. 上手注意

- **栅格化**

手绘或者电脑绘制完简单的线框草图后，进入正式的低保真设计时，需要有规格大小与栅格化的概念。有了这个意识会使得交互稿更加严谨规范，利于和视觉设计师沟通，有利于提升团队合作的效率。

在Axure主菜单中执行“布置→网格和辅助线→显示网格”命令，把网格线打开，可以根据自己的喜好调整网格间隔的大小，默认的间隔为10像素。为了更好的团队协作，可以提前与视觉设计师沟通好间距的大小。

- **规格大小**

Axure并没有像Sketch那样，可以直接在操作面板中调出iOS、Android、Web等各种设备的标准尺寸。但我们需要有规格大小的意识，不能随便定义一个框就开始设计。不过，Axure可以通过部件的素材下载，把一些常用的屏幕尺寸放在自己的部件库中，或者是通过自定义大小，手动调节出规格，以避免交互页面排得下而视觉页面排不下的尴尬。

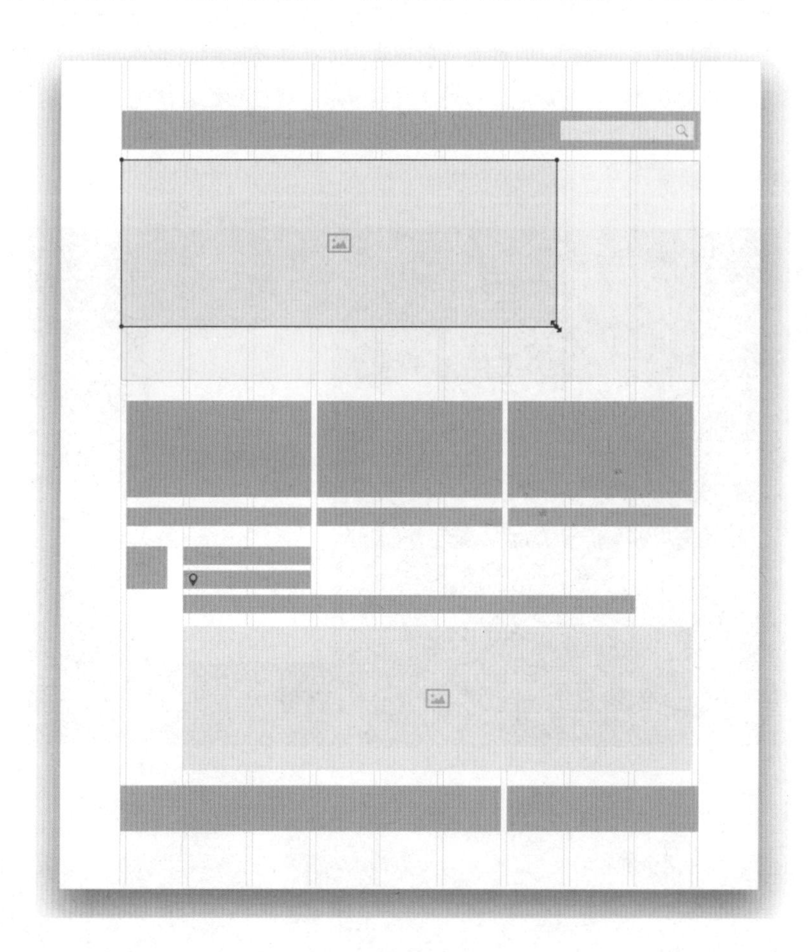

3. 元素的表达

虽然没有特别明确地规定交互元素应该是什么样的，元素也会根据项目不同而变动，但是对于交互设计新手来说，元素的规范表达是相当有必要的。特别是在同一产品的设计中，同一个交互元素不可能使用两种样式。

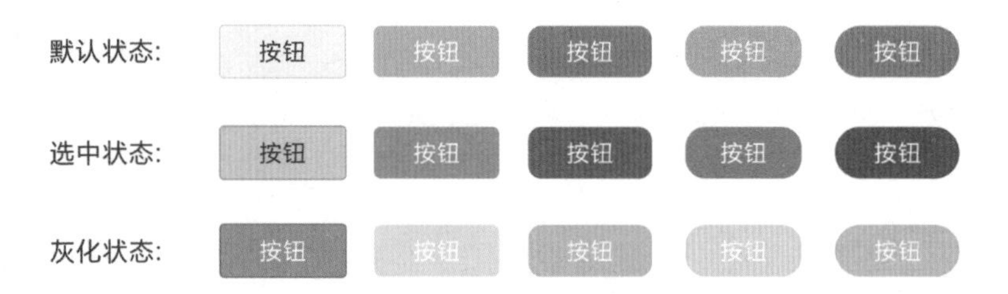

4. 线框图与低保真

有些人说线框图与低保真没什么区别，但是要做细分的话还是有区别的。线框图一般是指手绘或电脑绘制的简单示意图，主要用于概念初期表达界面内容模块的关系。低保真原型则需要细致，体现交互细节。两者的关系好比是画素描，线框图是起稿确定大概的形状和位置，低保真是进一步明确主次关系，深入刻画表达清晰的画面细节。也有对交互稿与视觉稿的另外一种叫法是低保真、中保真和高保真。

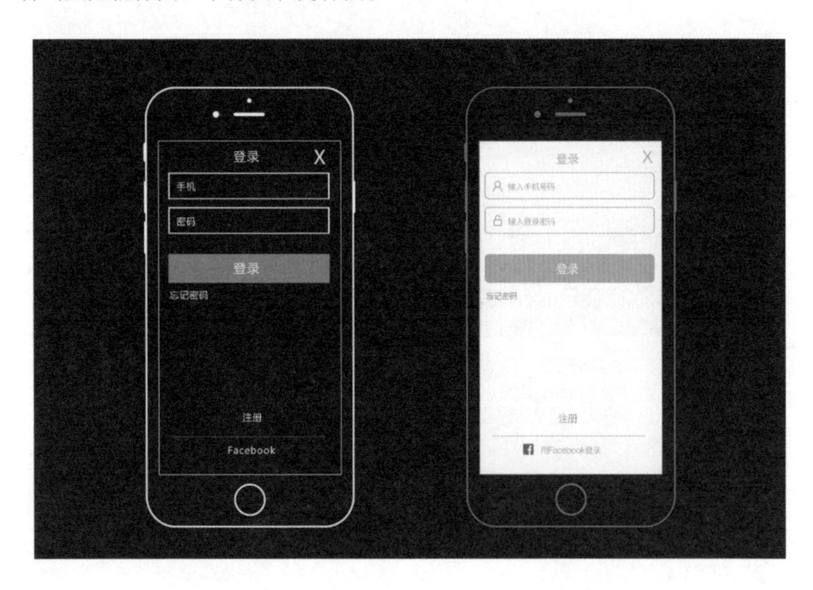

无论是Axure还是其他软件，仅仅是工作中的一个工具，不要纠结哪个工具更好用，结合团队需要共同协作选择适合的软件使用。目的是要以输出高质量的低保真为前提，不是把所有快捷键背下来，套用下载好的模板，快速地完成了设计稿件就算学会交互设计，这才是刚刚开始。

3.1.2 低保真设计稿是什么样的

作为交互设计师，要输出的稿件其实很多。例如，竞品分析报告、调研分析报告、产品可用性测试报告等。但最重要的同时也是产品相关人员最关心的，就是交互界面的设计稿件，这里的输出稿件称为低保真设计稿。无论交互设计前期做了多少竞品分析、用户调研，最终如何在自己的保真设计稿中体现出来才是关键。

1. 低保真的内容

低保真设计稿的内容一般包括3个部分，分别是项目信息、说明文档、交互设计。当然视项目或团队的情况不同也存在区别，没有唯一的规范。项目信息主要是项目背景、版本记录、设计修改记录，方便追溯查看。说明文档主要是交互的规范说明，包括信息架构和任务操作流程。最后是核心的交互设计，就是具体每一页的页面框架布局、交互状态等，视情况可加入交互动作的效果。

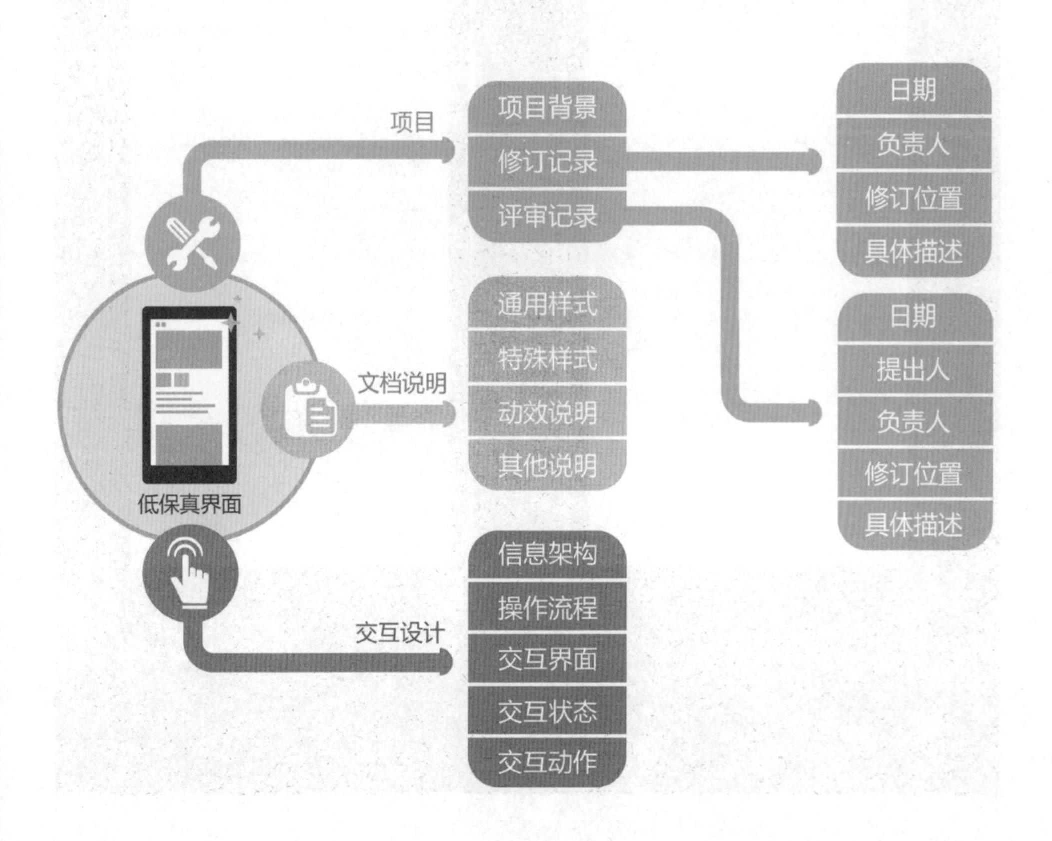

2. 明暗对比的低保真

初学者喜欢用线框来表示各个交互元素之间的关系，虽然可以很清晰地看出每个元素的位置，但是如果遇到复杂且内容多的界面，就很容易混乱，也不方便查看浏览。相对来讲，使用明暗对比的方式更容易看出元素与元素、模块与模块之间的关系，更利于开发人员或视觉设计人员查看。当然并没有规定说重颜色的色块就一定是重要部分，在交互文档中需要说明视觉中心在哪里，便于视觉设计师设计出合适的效果。画低保真时把边框线去掉，用明暗对比来表达，会更加直观爽朗。

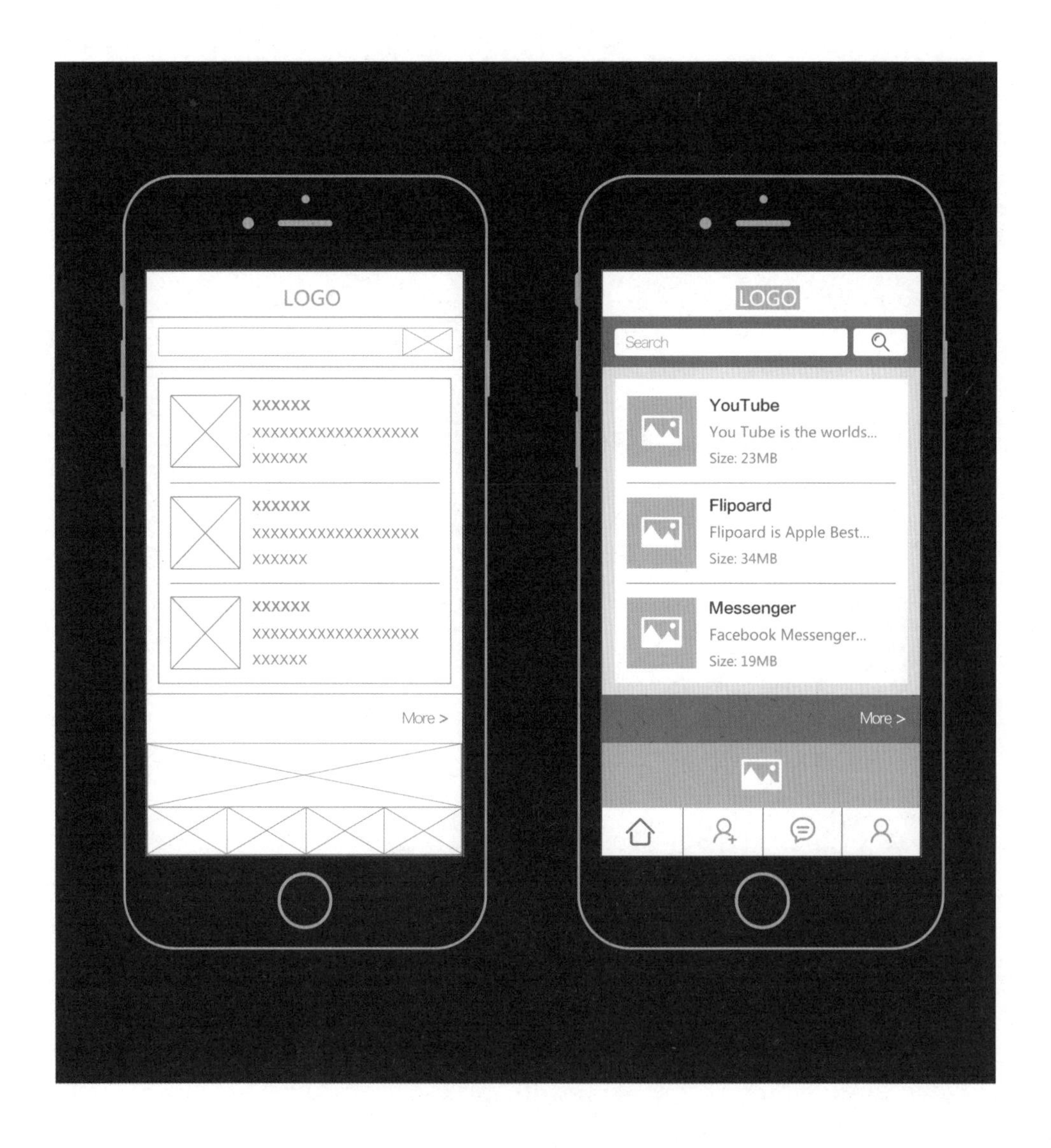

3. 接近真实的内容

很多时候，低保真设计稿的质量会影响视觉设计师设计的高保真设计图乃至开发的实现结果。假如在一个页面的描述中我们使用“××××”来表示文字的话，视觉设计也可能是用“××××”或者是找一些不相关的描述，这些描述通常都是不符合业务需求的。低保真设计稿阶段要注意使用接近真实的内容，因为视觉设计师和开发设计师对业务不了解，很可能直接沿用低保真设计稿的内容，交互设计师应该重视这个问题，包括页面的一些不起眼的基础建设、业务帮助等内容，低保真阶段就要尽量模拟出真实的内容。

4. 增加元素的描述

低保真设计稿对元素的描述应该清晰，如果描述只是简单地写图标，视觉设计师会根据自己的喜好画图标，结果可能这个图标并不是交互所预期的效果，或者它根本就不能反映业务的特性。有些交互设计师喜欢直接在低保真设计稿中使用大量的图片或控件截图，这也会给视觉设计师造成干扰，他们往往会被这些真实的图片或截图限制，不能更好地发挥创意。所以应该避免使用图片或截图，特别的图标或者元件需要增加描述，如图标的明度、视觉效果强弱、需表达的含义，让视觉设计师明白交互需要表达的意愿。

低保真设计稿虽然不像视觉设计稿那样需要精准到像素的单位，但我们在设计的过程中要有一颗像素级别的眼睛，把细节做得更加细致严谨。这样有利于与相关人员协作，减少不必要的沟通或返工，也有利于养成良好习惯从而捕捉到更多交互细节。

3.1.3 交互原型Demo

交互原型不同于线框图和低保真原型，低保真用来组织和呈现界面的信息内容，交互原型是用于展示界面的交互效果。简单地讲，交互原型Demo是可操作可交互的，低保真则是静态的交互说明稿。

很多时候，在描述一个交互行为时，把交互状态分解后用文字加以描述才能表达清楚，甚至还要加上你的口头描述，观者才能看明白。但如果你把它做成一个简单的交互动作演示，让观者自己动手点击，直接体验交互行为，观者能更加明白你的想法。需要注意的问题是，过多的复杂交互动作会适得其反，一方面会增加工作量、浪费时间，另一方面会给返工修改增加难度。下面以Axure7.0为例，分解简单交互动作的制作要领。

1. 基础交互动作

- **跳转**

将页面串联，模拟出页面操作流程。

选中交互元素，在部件的交互和注释的面板中，选择“鼠标单击时”进入用例编辑器，按照用例上的步骤依次操作。最后选择跳转的链接类型，选择将要跳转到的页面即可完成。

- **交互样式**

例如，按钮鼠标悬停时和选中时有不同的样式。

选择需要设置的元素，右键或在“部件属性和样式”中找到“交互样式”，进入“设置交互样式”面板，根据样式的需要进行设置。

2. 弹窗

这是一个在实际交互设计中最常见的元件，多用于确认操作、状态提示等。

所有弹出窗从出现到消失，应该具备触发条件、出现展示和消失3个条件。例如，在页面中点击关闭时（触发条件），弹出窗口询问“是否关闭”（出现展示），点击“确定”关闭页面（消失）。

第1步：把所有界面涉及的元素与元件准备好，如关闭按钮、弹出窗（包括确定和取消按钮）和界面其他的元素。

第2步：选中弹出窗（包括里面的按钮），然后单击鼠标右键，接着在弹出的菜单中选择“转换为动态面板”选项，完成后继续单击鼠标右键，并在弹出的菜单中选择“设为隐藏”选项，把动态面板设置为不可见。

第3步：进入该动态面板的状态中，设置“确定”按钮返回到之前的页面，做跳转链接设置即可。设置取消隐藏弹出窗的方法是，选择按钮，然后进入鼠标单击设置，在部件中选择隐藏，勾选弹出窗动态面板。这样就完成了让鼠标单击“取消”后把弹出窗隐藏起来的设置。

第4步：设置页面的关闭按钮，也就是前面讲的触发条件。鼠标单击时，显示弹出窗动态面板。到这里已经全部设置完毕，可按F5键预览一下效果。

① 准备所有元素与元件

② 转换为动态面板，并设为隐藏

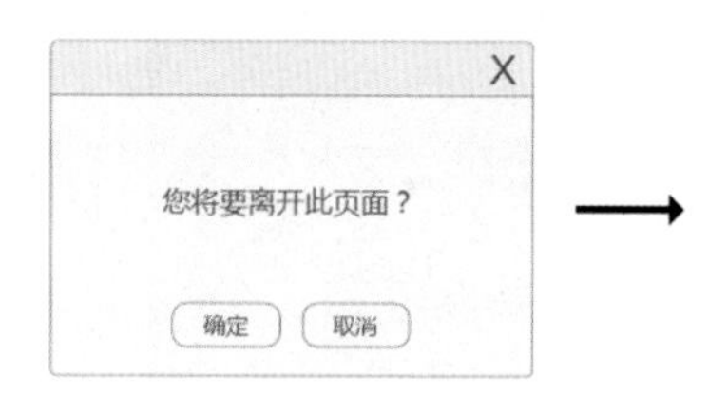

③ 设置所有按钮的动作效果

3. TAB

TAB是最常见的交互元件，无论在Web或App都能见到。

第1步：先准备好所有界面元素，然后选中第一页TAB中的所有元素，并单击鼠标右键在弹出的菜单中选择“转为动态面板”选项，接着用鼠标左键双击该动态面板，更改动态面板的名称，新增面板状态并重命名对应的TAB名称。

第2步：把各个页面放入动态面板对应的状态中，注意位置应该在（0,0）坐标。

第3步：完成后对TAB的按钮进行动作设置，进入鼠标单击时的设置，在动态面板中设置面板状态。方法是选择TAB动态面板，再选择状态就可以完成设置。这里必须对每个页面的每个按钮进行设置，完成后预览检查是否有遗漏。

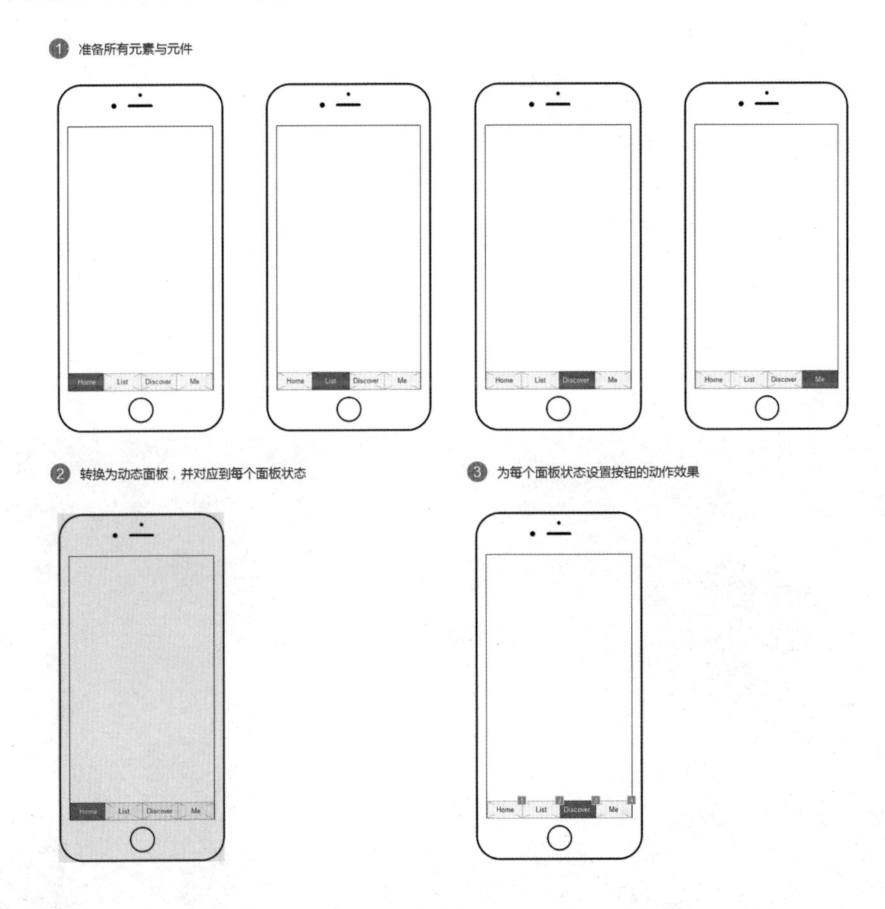

以上只列举了一些常见的例子，采用同样的方法也可以制作更多的交互动作。在交互原型的制作中，首先要有清晰的制作思路，按照思路进行设置，会事半功倍。其次要注意动态面板以及状态的命名，花点时间在命名上，后面的修改或工作交接会更加顺利。虽然说一些交互元件网上的素材很多，但是作为一名交互设计师，应该在长期的工作中总结出一套属于自己的部件库，这样使用起来才会更加得心应手。

3.1.4 实战：设计App登录方式

登录页是一个用户由游客身份转为正式使用者的必经大门，无论是网页端还是移动客户端，这个承载着“路转粉”的大门设计显得十分重要。假如很难进入这扇大门，将会有无数个用户被拒之门外，享受不到更好的服务。

登录页设计既要保障账号信息安全，也要保证登录操作简单高效。登录页最重要的一点就是选择登录方式，时下的登录方式越来越多，这些登录方式都有什么特点，针对不同的场景应该选择什么登录方式才是最合适的，这是本小节要探讨的问题。

1. 密码登录

输入账号和密码的登录方式是最传统的登录方式，也是最基本的登录方式，后面所提及的登录方式可能是在此登录方式的基础上延展出来的。同样是密码登录的方式，在注册时为了账号安全而限定密码的字符会增加登录的操作难度。又或者在登录过程加入图片验证、短信验证、邮件验证等方式都会延长用户的登录时间，但可以提高账号的安全性。选择此登录方式要注意账号输入框尽可能地多兼容不同方式的账号类型，如用户名、手机号码、电子邮件、账号号码等。

领英网页端

2. 第三方登录

使用第三方登录的情况一般会选择社交类的第三方平台，由于社交类平台存在的用户量多，直接使用第三方账号授权即可登录，省去了登录的输入操作，甚至连注册都可以跳过。这种登录方式操作简单，但是第三方的接入也存在许多不可控的因素，如第三方登录授权是否成功，来回的跳转也会对用户造成一定的心理影响。使用第三方登录的安全系数不高，而且假如引入的第三方平台较多，下次用户再进行授权登录时有可能会忘记上一次所使用的是哪个第三方平台。

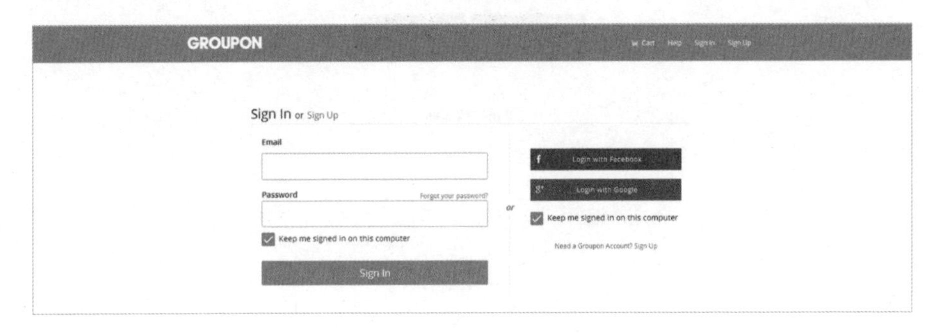

GROUPON网页端

3. 扫码登录

扫码一般是同款产品中通过移动端扫描网页端的二维码进行授权登录，免去了再次输入账号密码的麻烦。此方式在安全性上相对直接输入密码登录有所提升，特别适合对安全系数要求高的产品。天猫网页端提供了输入密码登录和扫码登录两种登录方式，如果用户是在网吧或者接入公共网络的场景下，则非常适合用扫码登录的方式。此方式缺点在于必须通过手机扫描，虽然免去输入密码的麻烦，但假如手机不在身边，此方式就会形同虚设。所以天猫默认的登录方式还是使用传统的密码登录方式。

天猫网页端

4. 手势登录

手势登录的方式一般不会作为主要的登录方式，常用于二级验证，在登录状态下再次检验用户的身份。例如，微信钱包，涉及金钱，用户一般会比较敏感，当点击钱包时会出现手势登录，目的是再次确认用户的身份。如果微信钱包使用传统的输入密码方式登录就会延长操作时间，便捷性会大打折扣。手势码的出现代替了原来的PIN码，因为在安全性与便捷性上手势登录都优于PIN码。

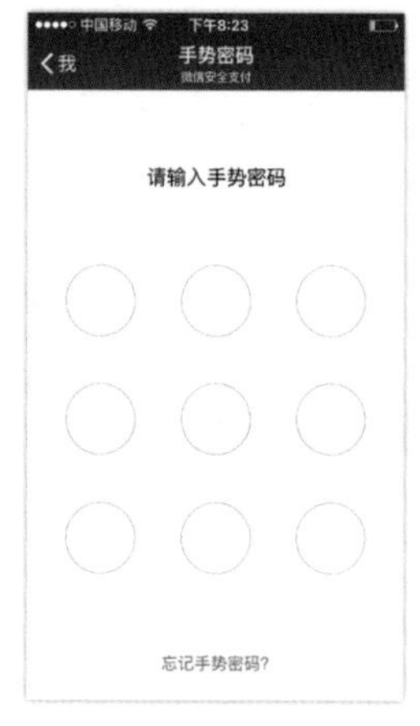

微信iOS客户端6.3.16

5. 指纹登录

指纹登录的方式是利用用户的个体生物特征——指纹进行验证登录，在安全系数上会比前面所提及的登录方式都要高。但是由于设备的限制，指纹登录仅能在带有指纹识别的设备上进行，并不像前面的登录方式那么普及。支付宝是对安全系数要求高的产品，区别于社交产品的是，它不能默认自动登录。在有支持指纹识别的移动终端上，支付宝客户端支持指纹登录，是非常便捷又安全的登录方式。

支付宝iOS客户端9.6.0

6. 脸部识别登录

脸部识别登录方式的安全性并没有指纹登录高，同样对设备也有一定的要求。支付宝客户端并没有把脸部识别登录作为默认登录方式，主要是脸部识别登录的便捷性不高。进行脸部识别登录的过程对用户的要求门槛比较高，如脸与手机的距离、灯光、环境等因素均会造成登录失败。

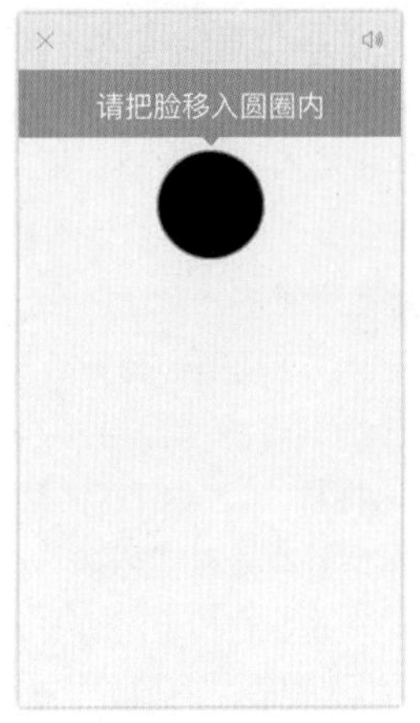

支付宝iOS客户端9.6.0

7. 自动登录

自动登录是建立在用户完成一次账号密码的输入，并同意下次自动登录的基础上进行的。相对于前面的登录方式无疑在便捷性上是最快的，但在安全系数上是最差的。QQ电脑版中，只要勾选自动登录，下次启动时便会自动登录上次的账号，当然过程中也可以取消。自动登录必须能让用户手动选择，不能强制规定，自动登录不适合于对安全系数要求高的产品。

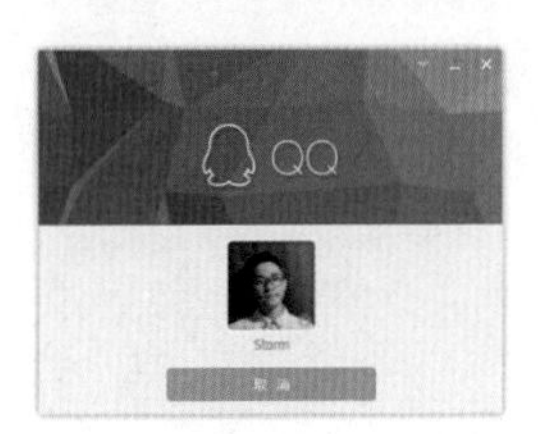

QQ PC版8.3

很多时候，产品中都会有多种登录方式并存，提供给用户更多的选择，适应不同用户对登录的需求，才能做到高效。设计时根据产品的性质选择登录方式，安全性要求高的要牺牲部分便捷性，多走一个验证流程会为账号带来安全保障。其他的条件，如辅助登录的图片验证出现时机，是一开始存在还是多次登录失败之后出现，也完全取决于产品的特性。安全系数要求更高的需要规定多少次登录失败之后会锁定账号，锁定之后又要通过什么方式解锁。同时还需考虑连续多次账号密码出错之后，是否会出现帮助找回账号密码的信息提示等来完成一个完整的登录流程。

3.1.5 实战：设计App导航方式

生活中我们离不开导航，就算一次说走就走的旅行，出发前我们也需要规划行程路线，这时地图就是我们的导航。出行时无论是GPS定位还是查看公交路线、地铁换乘指示都是导航。到达目的地之后景点的路标指引也是一种导航。生活中那些能够帮助我们到达目的地的指示都可以称为导航。假如生活中少了这些导航指示，我们肯定会跌跌撞撞，在无数次绕弯路之后已经错过了沿途的美景。

App的导航跟我们日常所需的导航指示一样重要，如果用户在App中多次尝试之后没有找到他想获得的服务，他一定会沮丧地离开。App导航承载着用户获取所需内容的快速途径。它看似简单，却是产品设计中最需要重点考量的一部分。App导航会直接影响用户对App的体验感受，所以导航菜单设计需要考虑周全，选择适合产品的导航方式才能充分发挥导航的价值。

App的导航方式，按排列方式分为列表式和网格式（矩阵）两大类，再由此演变成其他类别。常见的导航方式有：标签式、抽屉式、宫格式、菜单式和列表式。导航方式视情况而定，有时可作为主导航，有时也可作为辅助导航使用。

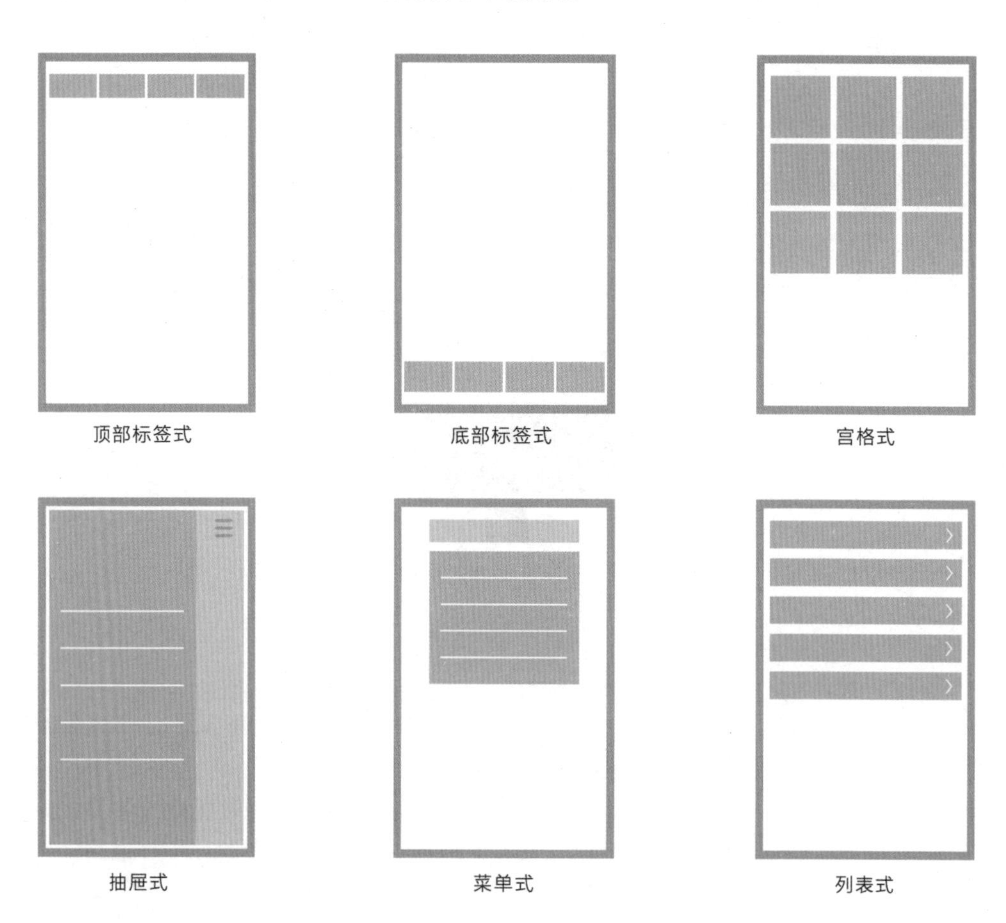

1. 标签式

标签式导航是最常见的一种导航方式，类似于网页端的导航结构，由于它的平级特性，能让用户直观了解到App的主要功能，使用上能够在几个标签之间快速切换。标签式可以分为顶部标签和底部标签两种。顶部标签多数情况会作为辅助导航出现，而底部标签在iOS系统中较为常见，在安卓系统中较为少见，因为多数安卓设备下方有虚拟按键，放在底部容易产生误操作。

标签的分类最好控制在5个以内，视觉表现上需要把当前用户所在位置突显出来。标签栏中间位置也可根据需要展示产品核心功能，例如，Instagram的拍照功能，作为社交应用，能刺激用户拍照或分享。标签式导航视情况需要，可以加入手势操作，如QQ音乐的标签栏支持左右滑动，并且在主导航与二级导航之间都可以自由切换。

Instagram iOS客户端8.0

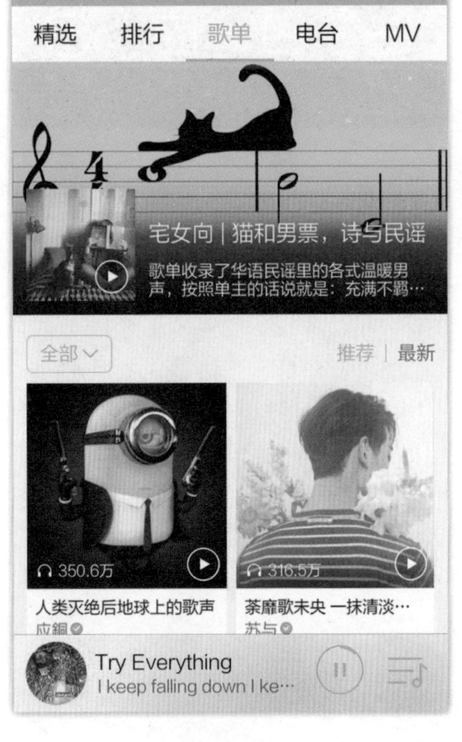

QQ音乐iOS客户端6.1.0

2. 宫格式

宫格式导航，类似电脑桌面或手机桌面的各个应用的入口。每个入口相对比较独立，一般进入某个入口之后只执行该入口相关的内容。若要切换到其他入口就需要再返回总汇界面，也就是最初始的位置。正因为如此，宫格式导航不适合需要频繁切换任务的应用导航，目前作为主导航的应用比较少，一般都使用它作为辅助导航。例如，支付宝，以功能或服务类型作为分类的维度，把各个类型独立开来，进入某个单独的模块都有与之对应的内容，各个模块之间的内容互不交集，所以缺点也特别显明，就是层级深、信息隐藏、不容易做切换。宫格式一般会作为内容分类多的辅助导航，如天猫、淘宝、大众点评、美团等应用均使用了宫格式作为辅助导航。

支付宝iOS客户端9.6.0

美团iOS客户端6.8.0

3. 抽屉式

使用抽屉式导航可以强调内容，突显内容，弱化导航界面。抽屉式导航在形式上一般位于当前界面的后方，通过左（右）上角或滑动手势呼出。带有动画效果，形式上比较吸引眼球。由于导航界面是隐藏在主界面之外，展开之后整个页面都是导航菜单内容，所以可扩展和个性化的空间很大。但是有利也有弊，整个导航被隐藏，先是用户不易发现，再是增加用户切换导航内容的操作成本。到达导航菜单界面之后，也需有明确的提示告知用户当前位置，防止用户“迷路”，这也是许多抽屉式右（左）侧留有前界面的原因。

抽屉式导航曾经作为iOS7系统的主导航风靡一时，在时间的验证下，抽屉式导航并不适合作为主导航使用。如今的抽屉式导航都是作为辅助导航出现，如Uber，用户打开Uber的场景一般就是要用车，把优惠信息、历史记录等次要信息放在了抽屉的内容上，不会妨碍用户打车。假如把选择车型放在抽屉内容中，用户需要频繁切换，会大大降低使用效率。随着设计的演变，抽屉式也可以作为辅助功能的入口，如Facebook的抽屉内容作为Messenger聊天的快速入口。

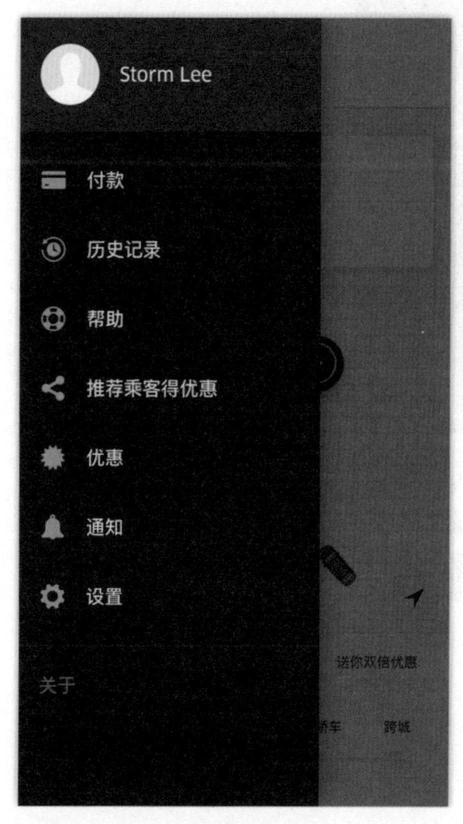

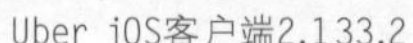
Uber iOS客户端2.133.2

Facebook iOS客户端54.0

4. 菜单式

菜单式导航与抽屉式导航的目的相同，都是为了突出内容。一般位于应用的顶部，通过点击呼出导航菜单。导航菜单以浮窗形式位于界面上层，可通过点击导航菜单以外的区域将其收起。菜单与界面的连贯性比抽屉式要好，容易让用户感知当前位置。但由于位置在屏幕上方，相对隐蔽而且不能结合手势操作，所以该菜单形式也不适合于频繁地切换功能使用。目前的菜单式比较少见，主要还是因为信息过于隐藏，不适合操作频率高的导航需要，一般情况下会优先考虑顶部标签的方式，即使标签内容过多也可以通过左右滑动来展现。新浪微博客户端的菜单式也是作为二级导航存在，里面的内容也是相对低频的操作，是对微博内容的过滤操作。

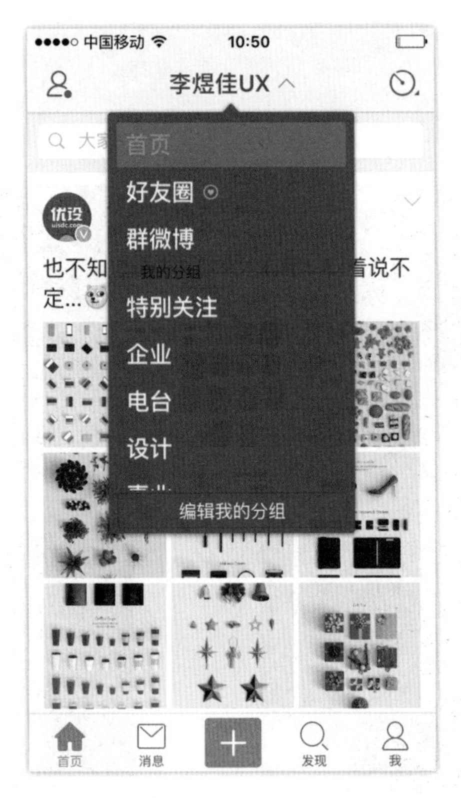

微博iOS客户端6.5.0

5. 列表式

列表式导航的信息架构与宫格式一样，信息结构层级深，进入某个入口时，如果要切换入口必须先返回汇总界面。正是由于列表式的这种特性，多数情况下也不会作为主导航使用。列表式占用屏幕空间相比宫格式少，适合多内容的分类导航。列表式有着格式规整、容易阅读的优势，但是视觉上的表现形式相比宫格式要弱。

在iOS9系统的App Store 分类中，列表式用图标加上文字的方式传递信息会更加高效。此外列表式会常被用作App设置页面的辅助导航，例如，亚马逊客户端的设置中，把账户信息、收货地址以及系统配置的相关信息作为一个主入口，通过列表导航的方式统一管理。

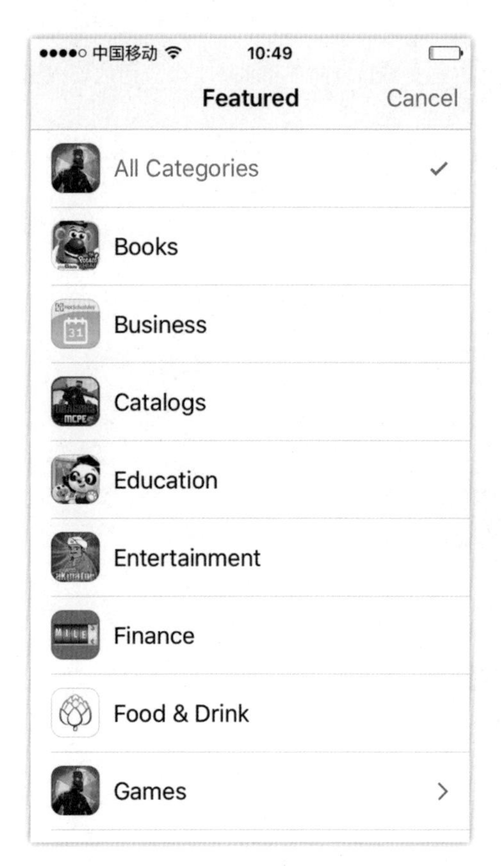

iOS9亚马逊iOS客户端6.3.0

在设计过程中，应该按照实际需求结合内容选择最为合适的导航形式，切忌跟风或者先从形式入手从而忽略导航菜单自身的特点。

3.1.6 如何免费发布App到应用市场

熟悉了Axure之后，要制作一个App并不是难事，当然好坏暂不做讨论。相信新手设计师总是跃跃欲试想把自己设计的App发布到应用市场，迫不及待地想与别人分享。发布到应该市场并不是公司的特权，对于个人开发者来说同样也是行得通的。

接下来以Android系统为例，因为iOS系统是收费的。首先需要做的准备工作有：（1）按照低保真设计稿做高保真视觉稿，并切图标注，还有App涉及的动效设计需要做演示；（2）编程开发，把高保真视觉稿交给程序员开发，实现交互效果，完成一个最终的APK（安装包）文件；（3）把该APK（安装包）文件上传到各应用商店，审核通过就上线了。

1. 安卓应用市场概况

目前国内的安卓应用市场大概有300多家，占据主导地位的并不多。上传应用的流程主要有两个步骤。

第1步：注册成为开发者，个人类型需上传身份证扫描件，填写个人相关信息；公司类型上传营业执照和联系人身份证扫描件，填写公司相关信息与联系人信息。

第2步：上传应用，填写应用资料包括上传APK（安装包）文件、图标、应用截图与介绍说明等，每个平台的具体要求会有所差异。

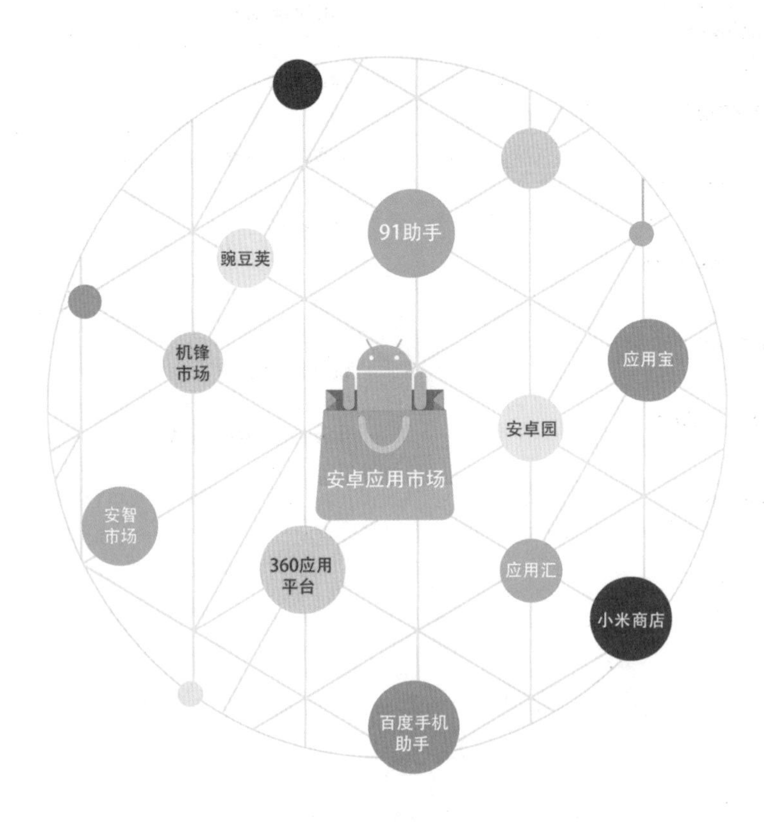

2. 一键发布

如果按照传统的方式逐个平台发布、审核、上线管理等会浪费开发者很多时间去跟进。所以出现了酷传、一键云发布等第三方的服务平台，帮助开发者一键发布应用到各个应用市场，并可以统一监控管理，大大地提升了效率。这些第三方服务平台支持了主流的应用市场，如360应用、手机百度助手、豌豆荚、小米商店等。

随着互联网的发展，发布应用的门槛越来越低，这就意味着开发者们要更加注重应用本身的价值，创造良好的用户体验，才能赢得用户。

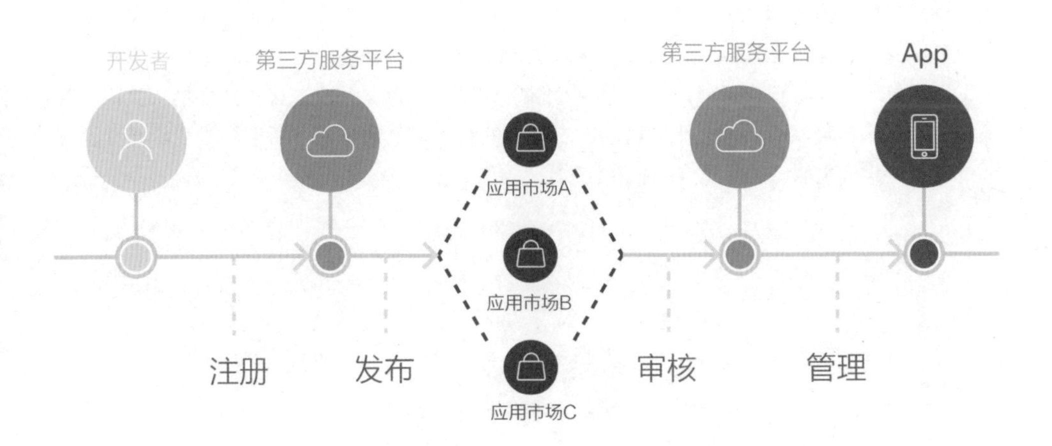

3.2 情怀设计的背后

3.2.1 App微交互分析

细节是一个经常被人挂在嘴边的词，但那些能做好细节的App却屈指可数。特别是在当前这个信息步伐很快的时代环境下，许多产品过分追求“快”，快速切入市场、快速赢得用户。他们往往不愿意花更多的时间在体验上下工夫，只求快速地把产品的功能特性完成，然后马上可以发布上线。智能手机发展至今，智能手机应用已经进入了稳定发展期，在App同质化的现在，处理好细节才能耐人寻味。

1. 什么是微交互

“平庸的产品与伟大的产品，差别就在细节上。”Dan Saffer在《微交互：细节设计成就卓越产品》一书中把微交互分为4个要素：触发器、规则、反馈、循环与模式。举个大家非常熟悉的例子——微信，当我们收到新消息时，对方头像右上角会出现消息个数。即使是你把消息免打扰开启了，右上角依然会有个小红点存在。这里收到的消息，就是微交互的触发器，消息是由对方发起的，而非自己手动触发。收到消息之后，点击查看再返回出来的时候红点就消失了，这就是规则，用这个规则来表示阅读前后的状态。当我们将对方头像条向左滑动时，出现了“标记为已读\未读”和“删除”选项，这就是用户的操作结果的反馈。循环与模式，是指当再次有新消息来的时候，右上角的红点依然会出现。所以不难看出微交互之间的要素是相互关联，并不可以单独存在的。

2. 尊重用户习惯

知道了什么是微交互之后，看看它在实际App设计中如何运用。用户习惯对微交互设计影响很大，结合用户习惯作出合理的微交互设计，才是一个有意义的微交互。首先我们要了解用户群的背景，如iOS用户与Android用户存在一定的区别，Android在App中会使用“返回”物理按键，而iOS却没有。再例如，在任何App游戏中，我们一上手就知道左边为上下左右移动按钮，右边为多个技能的释放按钮。这是我们从游戏手柄移植而来的用户习惯，若把它们两者颠倒，用户就需要时间去学习、去适应，去培养新的用户习惯，即使微交互做得再好，对用户来说付出的代价是巨大的。微交互是让用户习以为常的行为变得更加自然。

3. 别让用户思考

Steve Krug在《Don't Make Me Think》的Krug第一定律中就讲到“不要让用户思考”。例如，联想输入，输入法会根据我们的使用频率帮助我们联想需要输入的文字，输入邮箱账号时@的后缀会出现不同邮箱所在主机的域名供你选择；搜索框输入内容时会联想相关的词汇内容等。利用大数据产生的“猜你喜欢”，会根据用户的使用历史数据推送一些相关的内容供用户参考。减少干扰项，对于一个复杂的页面内容，用户往往会不知所措，或者需要思考琢磨，所以在让用户做决定时应该尽量简单，避免过多的干扰，别让用户思考。

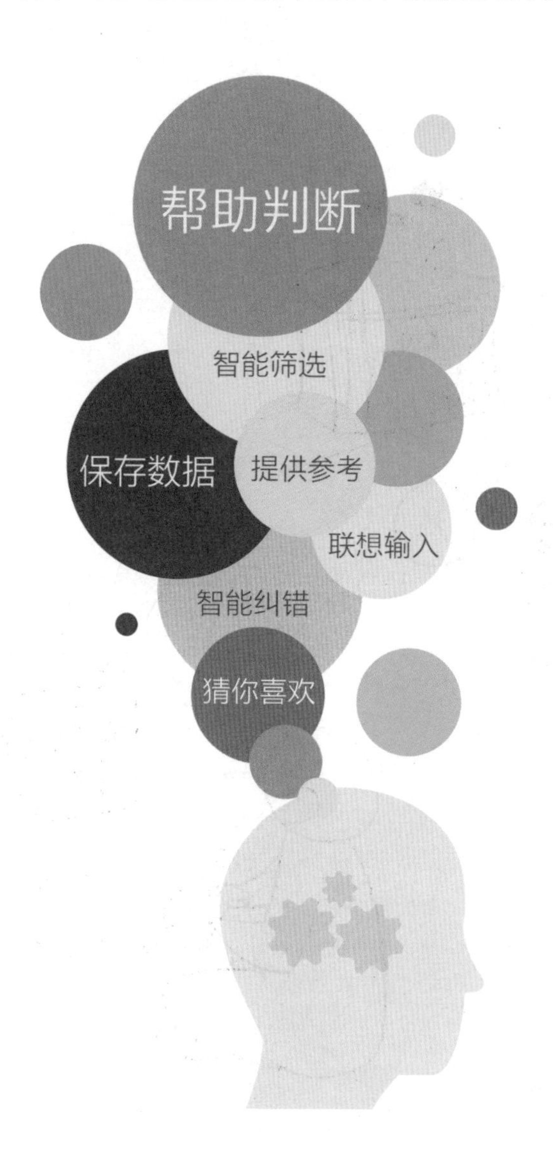

4. 防止出错

预防出错的意思是，与其等到出错时给用户“警告”等字眼，不如在开始和过程中告诉用户正确的操作方式。当遇到错误再告诉用户时，很可能意味着他之前的操作都将失效。做好防错措施，也是一种微交互的形式，这样不仅提升了产品的体验价值，也提高了用户的操作效率。例如，引导设计，应该让用户知道将要操作的步骤，把过程可视化，对于初次使用比较困难的操作应该有简单的引导。对于空白页面，不应只是简单的空白页面，需要引导用户操作，告诉用户空白的原因。

实际上在Web中的许多道理都是相通的，只是在App中应用的好与不好是我们最容易感知的。微交互需要在关注用户的前提下，也就是用户背景、使用习惯等前提下，再对产品的每一处细节进行设计。包括每个元素、每个动作甚至每个字符都需要设计，微交互应该遵从的4个要素（触发器、规则、反馈、循环与模式），它们之间是相互制约又相互关联的。

3.2.2 实战：App设计的重点与难点

看到一些在校的交互设计学生，还有创业型公司的交互设计师，他们在设计一款App时，很少花时间去斟酌交互上的细节，更有甚者只是简单地画了一下草图，就直接开始高保真视觉稿的设计，这样的设计必然不会得到用户的认可。当然也有很用心做调研和分析，走体验设计流程的同学，但设计出来的App也只是千万个同类应用中普通的一个。那么，设计一款出色的App，其重点与难点究竟在哪里呢？

1. 重交互，轻视觉

有人可能会问视觉设计就不重要了吗？当然不是，这里讲App的用户体验设计过程，在这个过程中应该先注重交互设计，避免一开始就被过多的视觉问题干扰，或者陷入动效细节的思考。交互设计就好比人的骨架与血肉，视觉设计就像是衣服，衣服可以千变万化，换衣服就像App的换肤一样轻而易举；但如果交互设计的基础没打好，就像比人的体型比例失调，穿上再华丽的衣裳也是白搭。

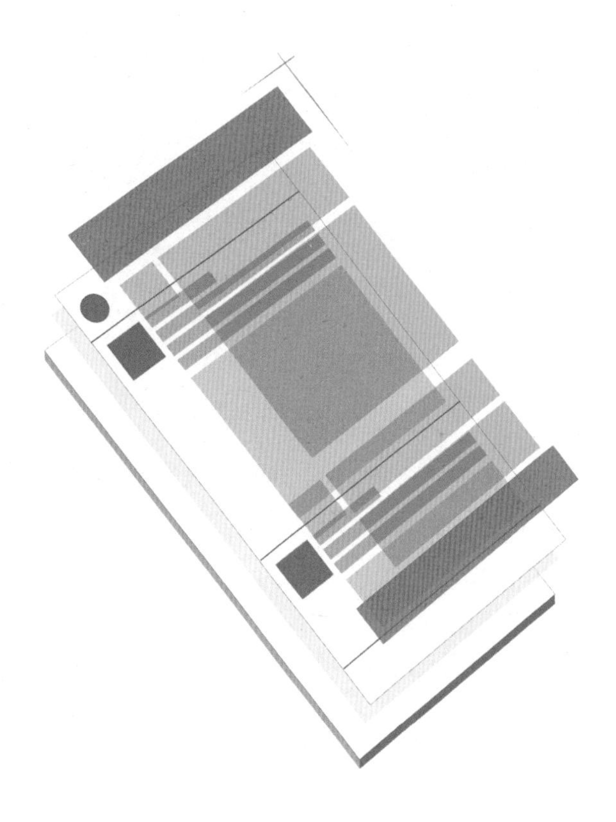

2. 如何做好交互重点

信息架构与操作流程上，要反复使用竞品、使用大量的竞品，甚至是不相关的优质App，回头再看看自己设计的App，在流程上与竞品相比是否已经最简便。与同类竞品相比自己产品的核心功能体验上的优势是否足够明显。

框架布局上，元素与元件除了符合体验标准，是否也符合项目的业务需求。所有页面是否都达到规范统一的要求，操作使用上是否已经符合目标用户的习惯与认知。并且能做到用最少的元素表达复杂的交互操作。

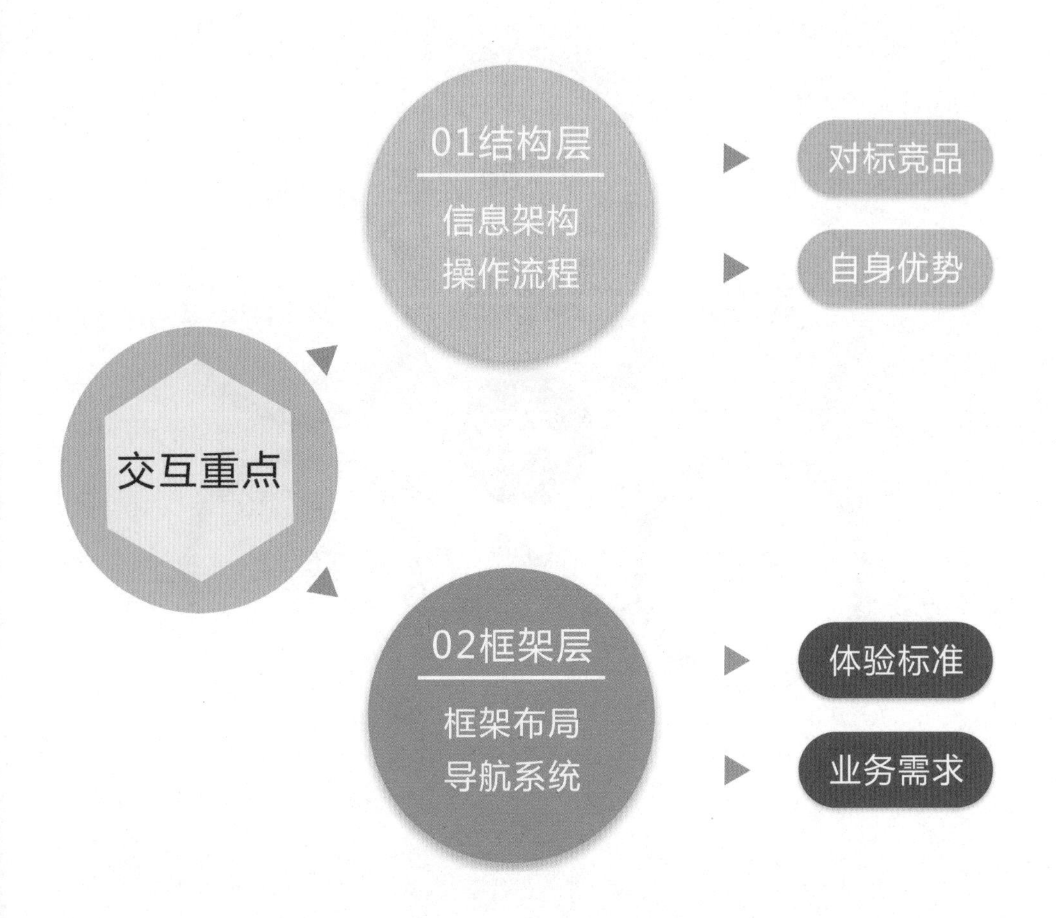

3. 强化App的亮点

此部分是App设计的难点问题，在应用市场上同类产品的App有成千上万个，如何展现自己App的亮点，得到消费者的关注，需要的不仅是设计师，而是产品项目的全体人员的共同努力。一款App要有脱颖而出的闪光点，首先要有超前的想法，这涉及设计创意、运营和商业目标等多方面的工作，应该在某个方面进行颠覆式创新，区别于现有的竞品。例如，新的交互方式、运用了新的技术、创新的功能、App的拓展性等。值得注意的是，这些亮点最终都要落地实现，开发能够支持实现、运营推广达到预期效果等。所以说需要全员的参与，不仅仅是设计上的遐想。

4. 加深第一印象

虽然说不能以貌取人，但与陌生人见面，首先关注到的就是外表，所以第一印象很重要，特别是在当前看脸的年代，颜值是个关键的要素。在App的设计中也是如此，第一次打开App或者初次看到App的图标都会给用户留下第一印象。每个人对“美”的审视标准都不相同，所以要针对目标用户群，研究他们普遍的视觉风格喜好，有目的性的设计才能正中用户下怀。在设计图标时简单、有特点的图形更有利于用户记忆，加深第一印象。引导页使用视频效果会比图片更加吸引用户，全局视觉语言的统一规范性也有利于提高App的体验感受。此外还可以使用文案宣传产品的理念，给产品打上标签，再次强化第一印象，如知乎的“与世界分享你的知识、经验和见解”激励用户分享，加深了用户对知乎的印象。

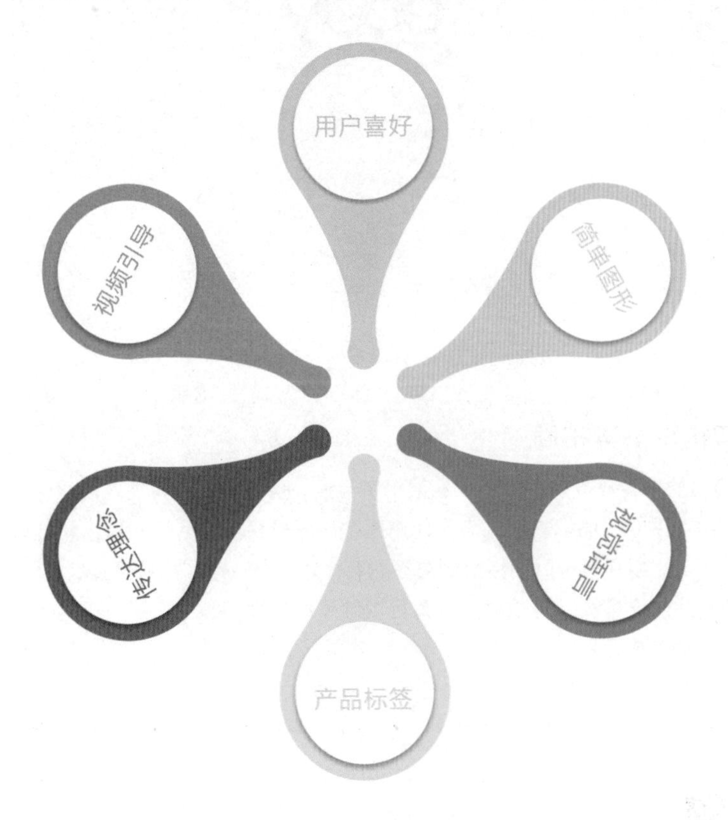

综上所述，做一款App并不难，而做一款出色的App就很难。一款App的好与不好，设计只是其中一部分因素，需要团队的努力，才能创造出区别于竞品，有自己独立性格的App。想要做一款出色的App，首先应该解决用户的痛点，帮助用户完成任务、达成目的，简单地讲就是要有价值性，价值性包括了用户目标与商业目标。在此基础上再去延展其他功能、设计、运营等方面的创意亮点，否则再好的创意也都是不切实际的。

3.2.3 实战：eBay的卡片式设计

eBay是全球最大的国际贸易电子商务平台，目前eBay iOS客户端4.2.0在内容排布上采用了卡片式设计，由于电商内容品类繁多，使用卡片式作为内容展示并不是最佳选择。我们来看看eBay是如何通过卡片式简洁呈现内容的。

1. 信息架构与框架布局

虽然eBay的内容分类繁多，但信息架构宽且浅，层级不深，方便返回操作。布局上的导航并没有使用常见的底部标签栏，而是使用固定的导航栏。其目的是最大化地展示内容，正所谓内容为王，让用户第一时间接触到更多的商品才是eBay客户端的初衷。从首页的分类展示商品，到商品的详情页，导航栏的位置可以给用户很好的指引，用户不至于在繁多的内容中迷失方向，操作更行之有效。

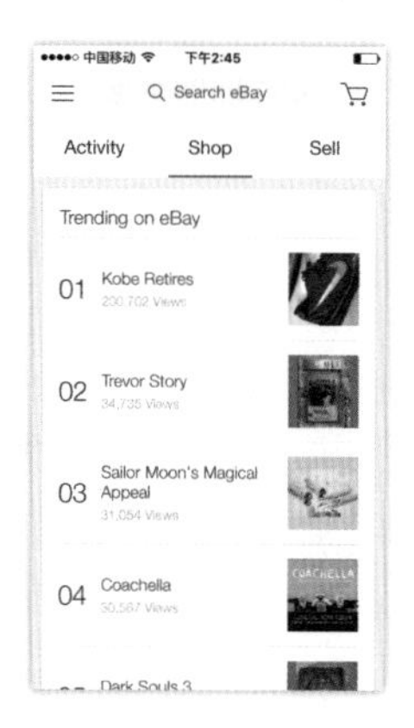

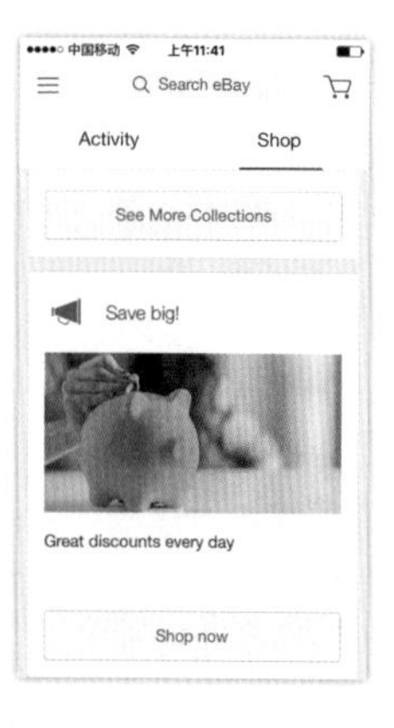

2. 卡片式内容展示

在eBay的平台上有很多商品，也有各式各样的分类和推荐的专题。eBay在内容上从商品、分类、专题等角度去展示，让内容样式呈现更丰富饱满，耐人寻味。使用卡片式设计，容易让用户的视线聚焦在卡片的内容上，在视觉上卡片与卡片间的信息互不干扰。而eBay的卡片样式并不单一，通过不同的组合方式展示不同的内容，以缓解用户的浏览疲劳，搭配不同的排版方式后整体的内容展示呈现出节奏感，刺激用户对内容的期待。分类中采用同样式的卡片，在平级的分类中易于辨别。卡片式信息内容的组合形式有：大图配小图、大图配文字、小图配文字、图标配文字等方式，让卡片式本身不再乏味。

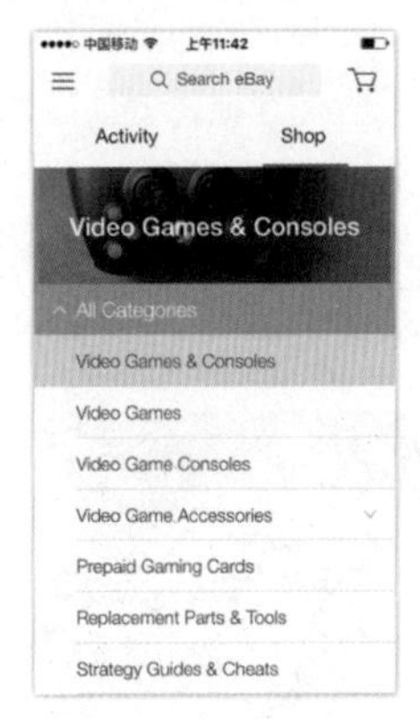

3. 导航方式

eBay采用了顶部标签式的导航方式，加上抽屉式的辅助导航。首页的标签导航可以展开二级分类，当往下浏览内容时二级分类会被隐藏，往回浏览时再次出现。二级分类内容可左右滑动查看更多分类，二级分类还可以展开三级分类。进入到三级分类里面，无法左右滑动查看其他分类，因为所有三级分类的内容没有交集。由于展开抽屉内容的按钮一直存在导航栏上，当进入详情分类或者商品详情页面时会与返回按钮出现在一起，一定程度上会造成干扰操作。

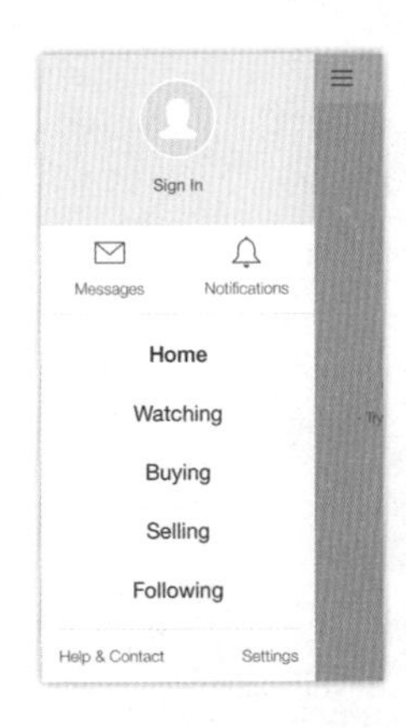

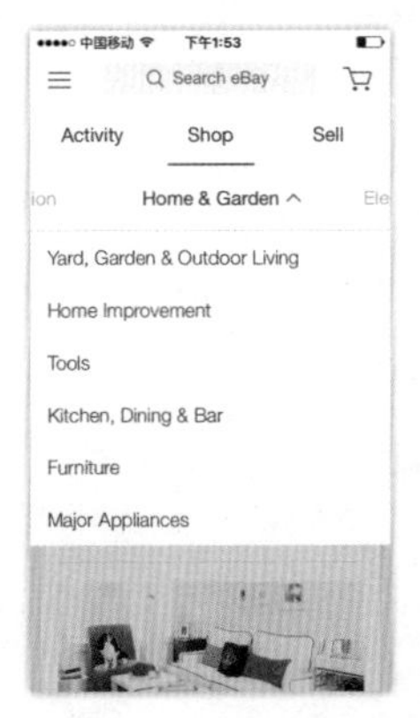

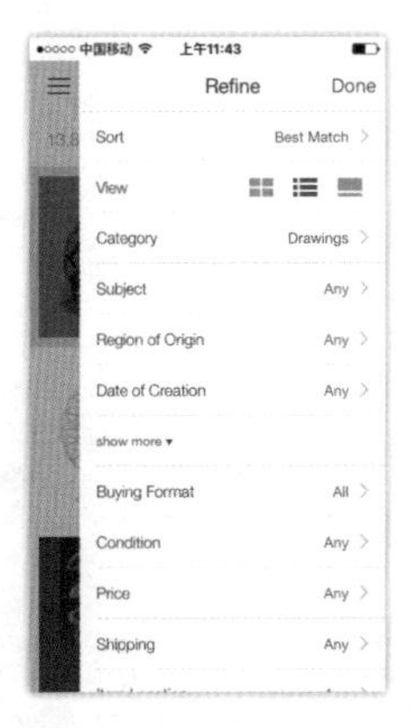

4. 商品详情页

内容展示上，把商品图片最大化占据手机屏幕的一大半，目的是让用户第一时间看到商品。商品详情中的购买按钮会随着内容的浏览被覆盖，相对淘宝客户端把按钮固定的做法，淘宝显得更为直接，固定展示能促进用户进行购买，不会因为寻找购买按钮而放弃购买。此外内容详情页没有返回顶部的按钮，通过iOS的手势双击状态栏即可返回顶部。减少干扰元素，更好地展现内容，eBay在详情页的展示上显得很纯粹。

eBay客户端的设计是围绕突出内容而展开的，为了内容展示采用了样式多变的卡片式布局。既能更好地展示内容，在排版上通过样式变化也使得浏览的体验更加精彩，不至于被单调不变的布局影响购物心情。交互框架上具备了更好的扩展性，从一级分类到三级分类的呈现上，eBay为日后的业务留有余地，方便新内容的补充扩展。固定的导航栏起到一个方向标的作用，无论用户处在任何位置，都可以通过导航栏返回到首页。

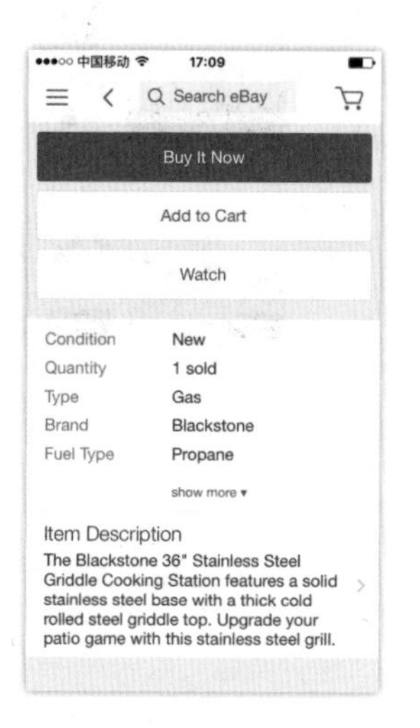

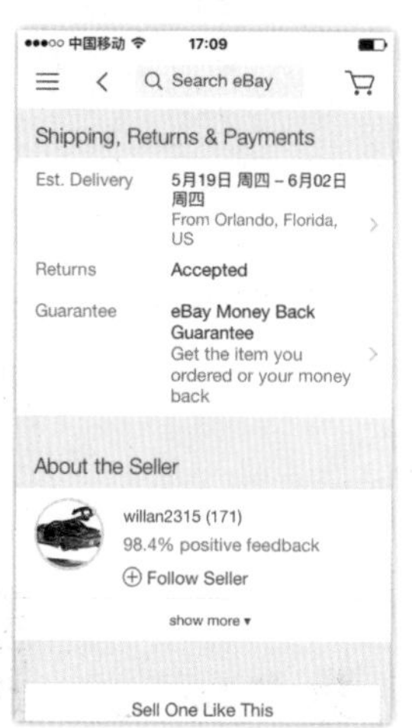

3.2.4 实战：Vimeo的分屏设计

伴随着人们对移动端设备大屏的追求，苹果的Pad系列产品推出了大屏的Pro，大屏设备的出现自然也产生了iOS分屏功能。iOS9之后开始支持分屏多任务功能，给用户的日常使用带来了新的体验，方便用户高效地使用iPad来完成工作，或者是畅享娱乐带来的乐趣。

1. iOS分屏交互

Slide Over：用户可以通过从屏幕右边缘向左滑动，呼出Slide Over，Slide Over会展示支持分屏的应用。Split View（分屏视图）：在Slide Over左侧位于中间有个小按钮，点击该按钮，正式进入分屏，把两个应用隔开分别显示，用户可以对分屏的应用进行单独操作。在Slide Over状态下，全屏显示的应用为主要App。Slide Over内容上的应用是次要App。进入分屏视图状态下，可调整分屏的比例，左侧的应用是主要App，右侧的是次要App。

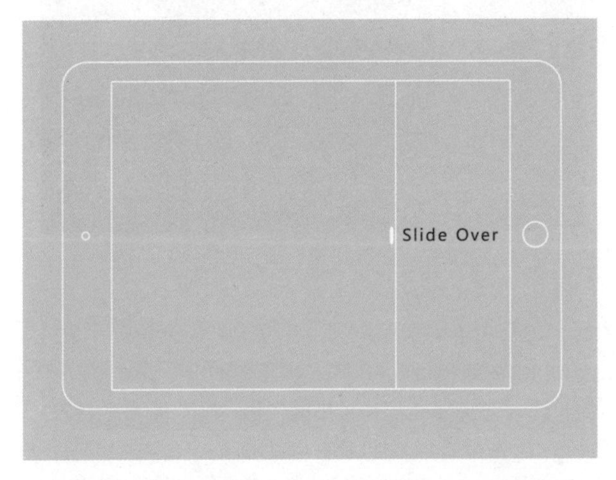

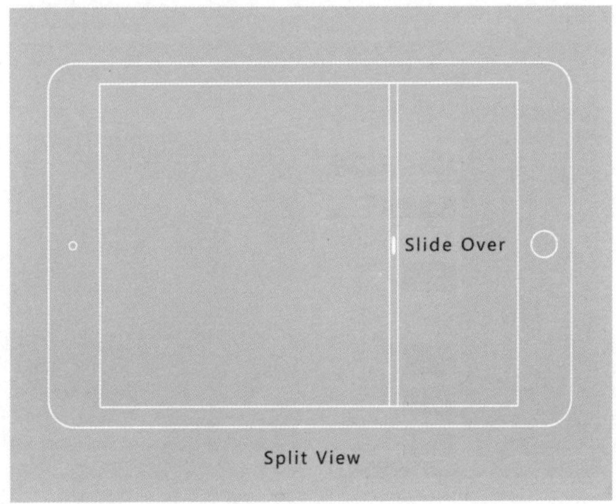

2. Vimeo for Pad

目前已经有许多App支持分屏特性，但视频类的App比较少，Vimeo客户端6.0.1在支持iOS分屏中做到了切换过渡自然、无缝衔接，给体验打下良好基础。接下来在唤出的Slide Over中，打开Vimeo进入3：7的分屏视图。

此时Vimeo还没有进入分屏视图状态，左侧的主要App仍然是全屏状态，只是位于蒙版之后。当前打开的Vimeo仍位于Slide Over的状态下，可以通过点击左侧的按钮进入分屏视图，若向左拖动按钮至屏幕中央可以进入5：5分屏视图，向右拖动则关闭分屏功能。

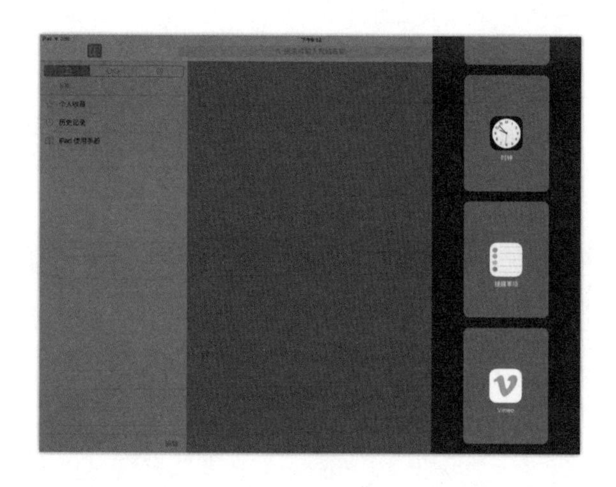

进入分屏视图后，主要App的蒙版消失，并由原来的全屏显示进入3：7的分屏视图。Vimeo作为次要App，此时的展示比例是30%，界面布局上的设计接近于Vimeo手机客户端的布局设计。分类上的布局与交互形式都和手机客户端一致，支持左右滑动查看分类内容，滑动时上下两行一起滚动。视频内容展示支持分段加载，向下无限加载内容。此时的Vimeo相当于是一个手机的界面，无论是App的信息架构、界面布局，还是交互效果完全与手机端保持一致，使得多屏操作体验一致，无学习成本，也降低了开发成本。

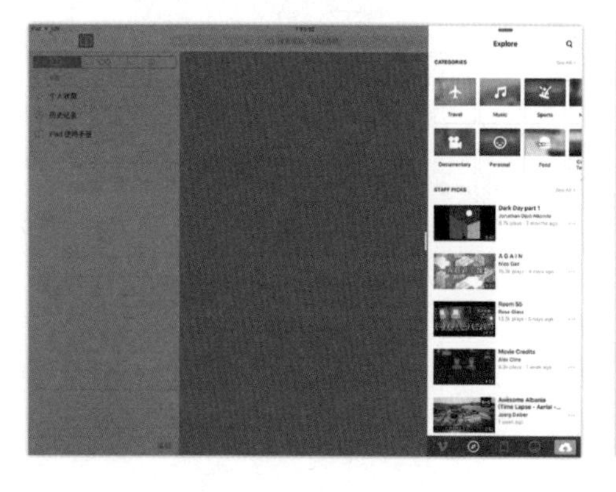

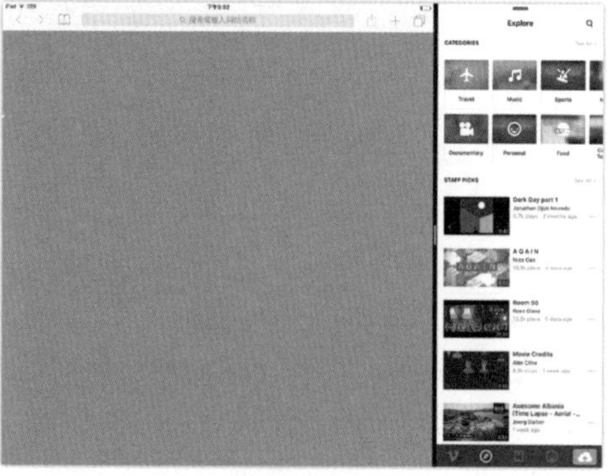

在3：7的分屏下向左拖曳分屏按钮到达屏幕中央，进入5：5的分屏视图。此时主要App的屏幕占比与次要App持平。由于Vimeo从3：7的小屏视图过渡到5：5的半屏视图，屏幕空间增大，如果继续使用手机客户端的界面布局会造成屏幕空间利用率低，不适合浏览。在分类上由两行变为一行展示，分类卡片的比例大小保持不变，底部的标签栏等元素大小也保持不变。如此一来可以减少切换之后带来过多的变化，让用户产生困惑，也让过渡变得自然流畅。视频内容排布上，由原来的左图右文变化为上图下文的结构，等比放大了图片，使得在5：5的分屏状态下内容显得饱满而又不密集。从3：7小屏视图切到5：5的半屏视图说明用户对次要App的重视，展示大图更能引起用户对内容的关注。

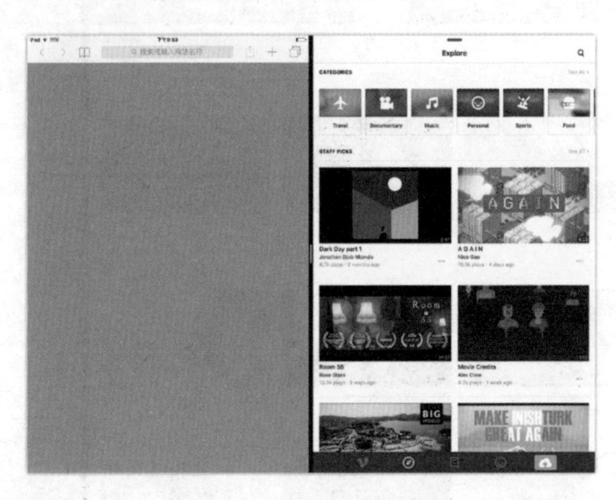

当5：5的分屏视图再继续向左拉动时就展开成全屏的显示状态，全屏状态下分类卡片的比例大小保持不变，按照原来5：5的布局增加个数。视频内容从原来5：5的一行展示两个适应为5个，比例上等比缩小，使得第一屏状态下展示更多的内容。可以看到5：5的分屏状态过渡到全屏状态的布局改变并不大，如此一来视觉观感会保持一致，若用户频繁切换分屏对设备的资源占用也不高。

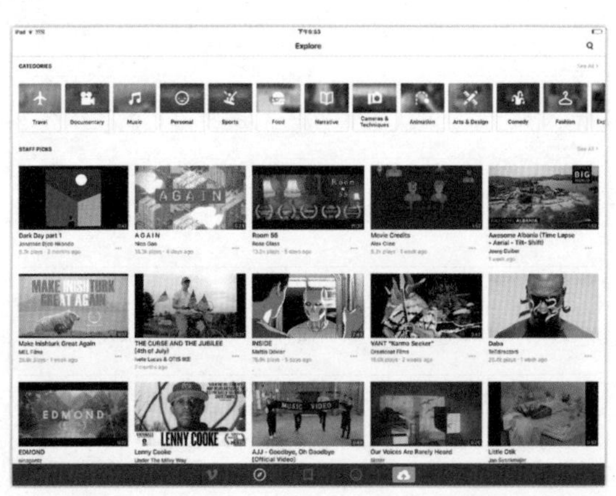

当Vimeo作为主要App时，在7∶3的视图中，默认以全屏的布局展示，视频内容在比例上等比缩小。分屏是一种辅助状态，并不需要太浮夸的展现，简单易操作，过渡平滑是贯穿分屏始终的理念。

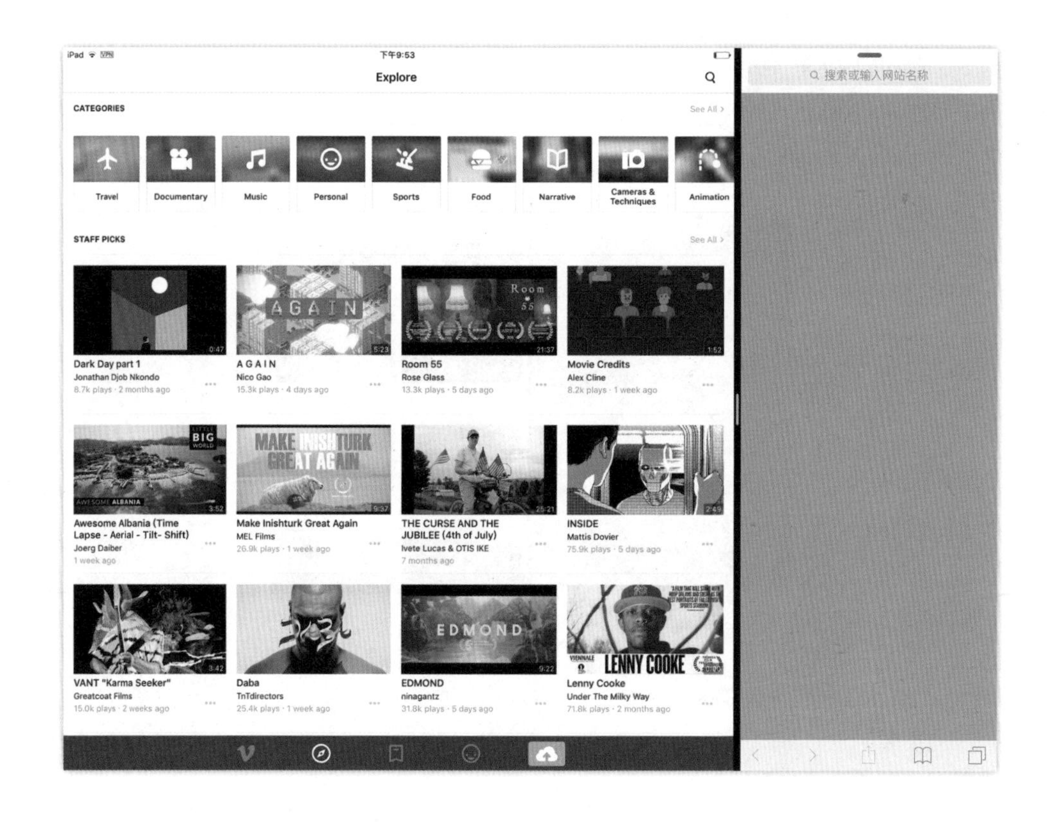

要在iOS分屏上有优异的表现，App在运行上对设备资源的使用应该要合理。因为分屏意味着在屏幕界面上同时运行显示两个App，也有可能其他App正在播放画中画视频，后台也还有其他App正在运行。目前iPad的性能还是有一定局限性，所以iOS分屏设计不同于正常情况下的应用设计，在设计过程中要有意针对这个问题进行思考，尽量在设计上规避。例如，不要使用过于复杂的布局或交互方式，避免数据过载、消耗设备性能过大等情况。Vimeo在分屏设计中，标签栏等元素固定不变，内容上样式也没有过多变化，让Pad端的设计与Phone端保持一致，减少用户认知，提高阅读性，也减少对性能的消耗。

3.3 网页只是排版设计吗

3.3.1 网页设计从何入手

网页设计只是内容模块的排布吗？显然不是，伴随着Html5和CSS等技术的发展，网页设计对用户体验越来越重视。网页设计发展至今，大概经历了3个阶段，最早是由一个设计角色完成，工作包括了设计和开发实现，然后是由两个角色完成，设计师加上程序员。现在设计的工作又细分为交互设计和视觉设计，开发也细分为前端和后端等。

1. 找准产品定位，明确战略目标

网页设计开始之前，首先要明确产品的定位，一般可以分为：功能、信息内容与形象3大类。看看自己的产品是其中哪个类型，每个类型的展现形式各有不同，可以多看同类型的网页，看看该类型的设计异同点，不一定开始就得看竞品，这样一来可能会被竞品的样式限制住。设计应该是从战略层开始入手，不要急着框框画画，花时间先了解业务内容，理解业务逻辑。同时也提前做好设计风险评估，为接下来的设计安排计划，避免频繁返工，提高设计效率。

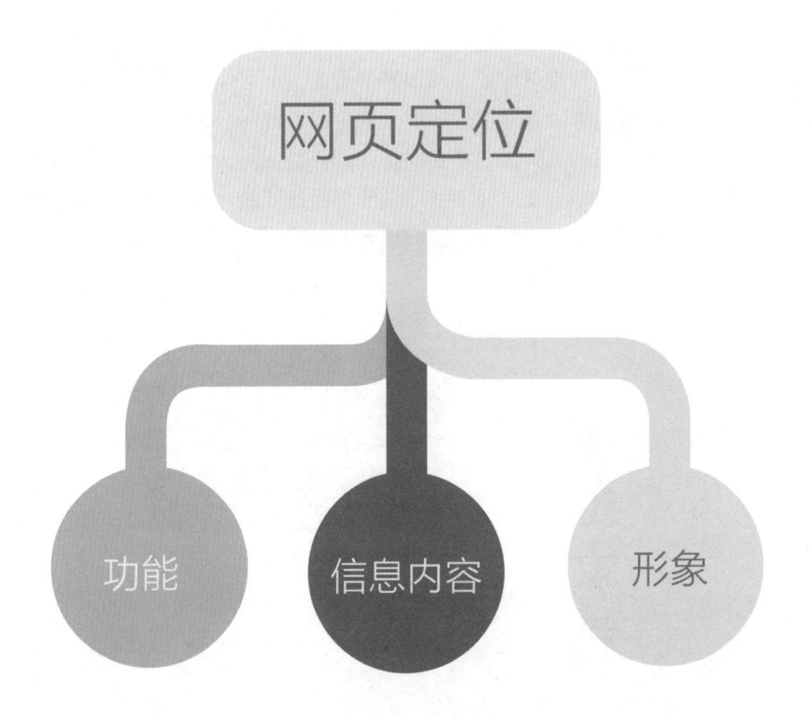

2. 准确表达需求

对于网页设计来说，导航是很关键的一个部分，很多新手理解导航只是想到主菜单的TAB标签，其实那只是导航的一种形式，像检索、分类、面包屑等都属于导航的部分。导航就是给用户指引，帮助用户找到方向，去想要去的地方，并能够及时返回。在我们设计的时候，要根据项目的实际需求，用信息架构来决定交互的导航方式和视觉的形式，而不是反过来，直接用交互或视觉形式来决定导航。这里举的导航只是其中的一个例子，像页面其他的元素也要根据项目的实际需求准确地运用，而不是为了形式而设计。

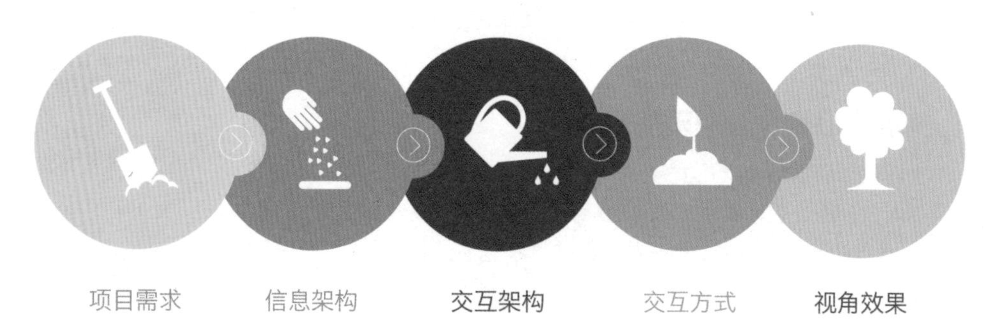

3. 值得注意的要点

通常在设计一个网站的时候可能会涉及很多个页面，有可能达上百个页面。每个页面都有相同的元素和元件，他们的组成可能在功能上或内容上有所区别，但是页面数量过多时，往往容易忽略元素的规范统一。所以建议在网页设计开始之前，先搭建一个基础的元素与元件规范文档。当然这个文档并不是一成不变，它会根据设计的过程调整，长期维护。当页面需要元素或元件时，可以从这个文档中调取，避免页面过多、规范不统一，导致设计结果让用户发生认知障碍。

4. 设计验证

设计的好与不好，不是由领导说了算，而是由最终的使用者来判断。体验设计方法中验证很重要，在网站上线之前，做可用性测试能够及时发现存在的问题，避免上线后再修改，减少维护的成本。具体的方法在前面的章节也曾讲述过。此外，条件允许的话可以使用眼动仪测试，研究用户眼动的轨迹和热区图，了解用户的关注度，结合可用性测试观察用户被哪些信息干扰阻碍了任务的进行。

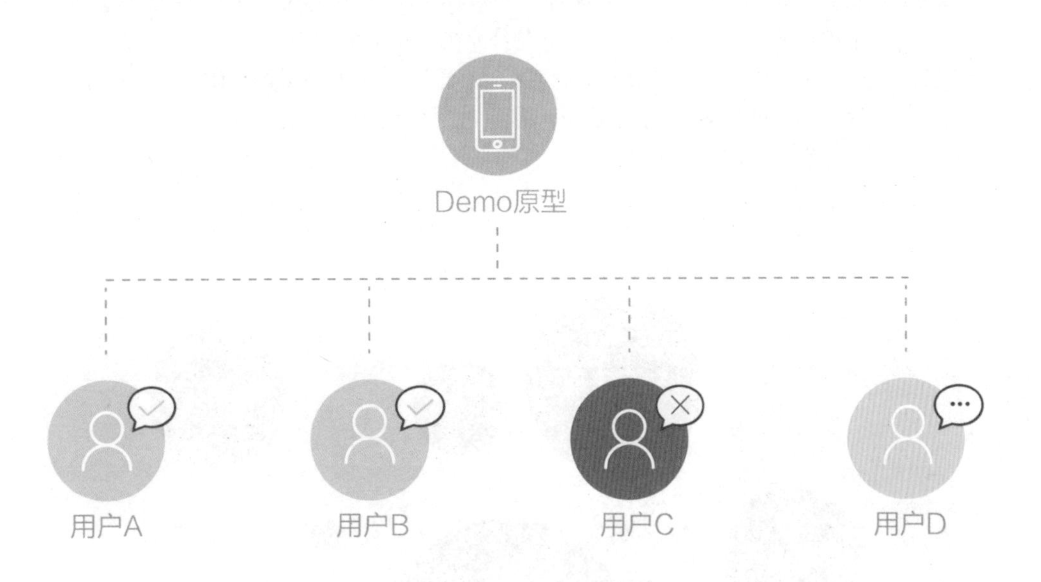

网页设计的布局很重要，但不能一开始就陷入形式上的思维旋涡，网页的存在形式取决于网站的服务类型，结合实际需求目标，也要善于打破常规做出区别于竞品的网页。在用户体验设计上，着重要考虑交互设计，交互设计不仅代表着用户体验的易用性、友好性等指标，还承载着网站的商业目标和用户转化率的指标。所以加强交互性的功能设计，增强用户的新鲜感、参与感与成就感，这才是一个做好网页设计的基础。

3.3.2 网页设计容易忽略的问题

初学者在进行网页设计的时候容易被一些表象的形式所迷惑，会忽略一些规范性原则和网页的细节。网页形式的美固然很重要，但相对来说网页的信息呈现更加重要。例如，最近流行起来的卡片式布局，如果在设计尚未开始的时候就急着确定了网页采用卡片式的形式，这种为了形式而设计的网页，很可能会不适合网页本身的信息内容。

1. 网页的布局设计

虽说网页设计不是简单的排版工作，但是也要求交互设计师要懂得视觉编排的知识，如黄金分割比例、栅格化、F式与Z式布局等。与视觉排版不相同的是交互设计要关注信息内容，先对信息内容进行整理，根据信息内容的特点结合设计目标，进行有目的性的组织和排布，使得信息的呈现更加规范，变得有规可循、有理可依，结构上清晰明朗，从而使用户在获得美感之后使用上更加高效。简单地说，视觉排版是为了形式美而设计，交互设计的网页框架布局则是对信息的组织、加工及分类，再结合用户习惯与视觉美感完成的设计。

2. 古腾堡法则

上面讲到网页布局的原则有很多，经典的黄金分割与栅格化我们都比较熟悉。而像F式布局、E式布局、Z式布局等布局方式都是由古腾堡法则演变出来的。古腾堡法则讲的是：一般的情况下，用户浏览习惯是从左上角开始，视觉最终落点在右下角。简单来说，“从上到下，从左到右”就是人的眼动规律。当然也有特殊的情况，一些国家地区的人群浏览习惯是从右到左，所以在设计之前一定要了解目标用户的背景与习惯。

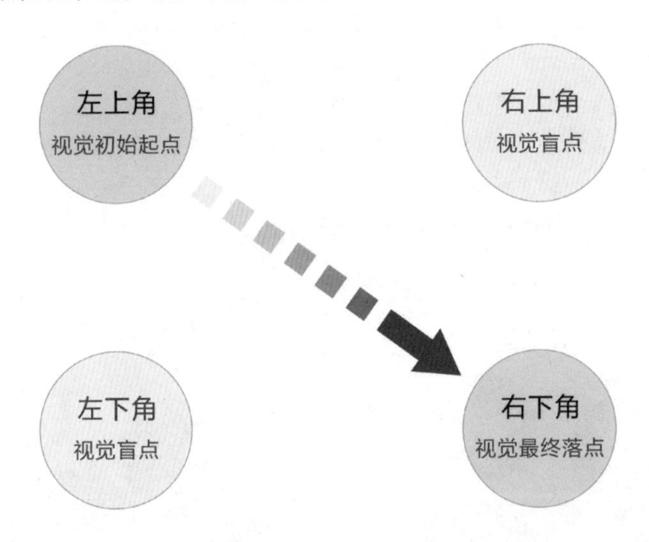

3. 网页的创新布局

网页设计发展到现在，从需求到运营管理，都是有规可循的。但这不意味着交互设计就应该一成不变，交互设计的核心价值就在于跳出传统的条条框框，在现阶段实践的成果上不断去探索开辟新的世界。例如，随着响应式的发展，产生了卡片式布局与瀑布流，这不仅能解决不同屏幕的适应问题，在形式上也能满足大部分信息内容的需要，灵活性也比较高，适当调整就可以出现不同层次的信息排布。当然卡片式也不是无懈可击，它只能适用于部分网站类型。所以网页的创新布局发展仍在继续，鼓励设计师们不断探索。但无论你的设计如何夺目，首先必须要满足用户的基本需求也就是可用性，才能够让用户轻松愉快地浏览你设计的网页。

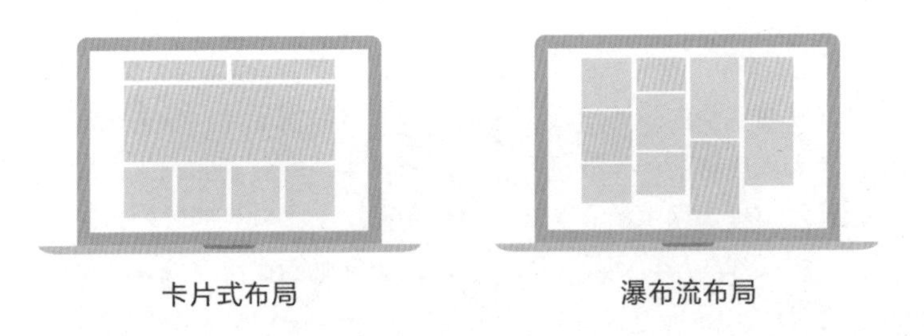

4. 页脚与帮助

在网页设计中最不引人注意的网页构成元素就是页脚与帮助了，实际上页脚和帮助承担着很大的作用，设计得当，可以帮助提高转化率。当我们在浏览网页到达底部时，页脚的出现就暗示着我们已经浏览结束。此时页脚展现的信息相当重要，它可以指引用户进行下一步操作。例如，注册或登录、联系我们、合作机会、品牌信息等。当然这些信息取决于你想让用户看到什么，想让用户去做什么，而不是简单地放一些版权信息。

帮助可以分为主动和被动，所谓主动就是网页主动帮助用户，在用户遇到问题的时候，主动出现帮助用户解决问题。例如，搜索引擎中的智能纠错，当我们的输入有误时，结果呈现会提醒我们想搜索的是不是这个。类似这种主动性质的称为主动帮助。被动帮助就是用户主动寻求帮助，网页给用户提供帮助指引。例如，帮助文档或者客服帮助，用户都是有目的性地带着问题需要找帮助，所以帮助的设计应该是第一时间为用户答疑，而不是让用户阅读复杂的帮助文档，找不到解决方法而受挫地离开。

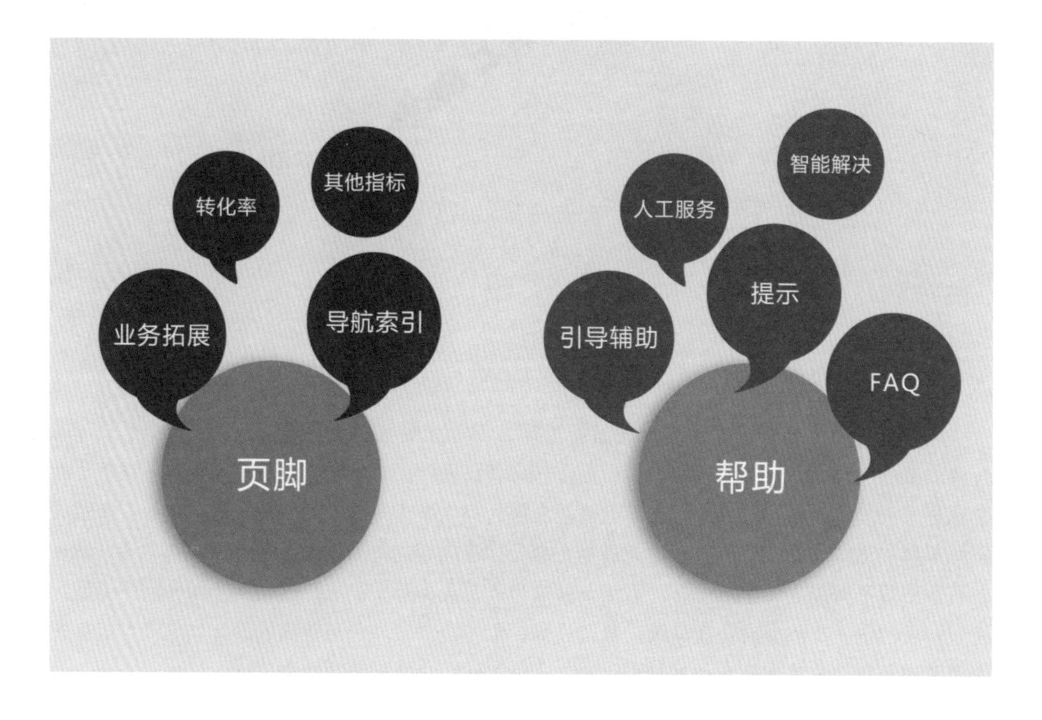

随着新的技术发展和新的设备出现，它们都会影响网页设计，改变现有的网页格局。不变的是网页都是为人类服务的，设计过程要时刻思考用户的背景和行为方式，换位思考代入他们，想想他们是如何理解网页的。任何用户使用网站都是有目的性的，进入网站之后，他们会朝着目标去进行操作。所以网页中的一些不起眼元素和需遵守的设计原则，在设计过程应该多加留意，因为这些会给你的网页从使用体验上和商业价值上带来提升。

3.3.3 实战：12306网页端为何不改

一直被吐槽的12306网页端存在的体验问题，实际上是多方面因素造成的，并不只是设计上的缺陷。12306中国铁路客服中心包括了客运相关的很多内容。下面，让我们站在体验的角度看一下购票的过程，看看这个过程中都有哪些体验问题，如果对相关的痛点加以改进，能否使我们购买车票的过程变得轻松愉快。

12306购买车票的流程：首页→客运服务→车票预订→登录→乘客信息→订单支付。

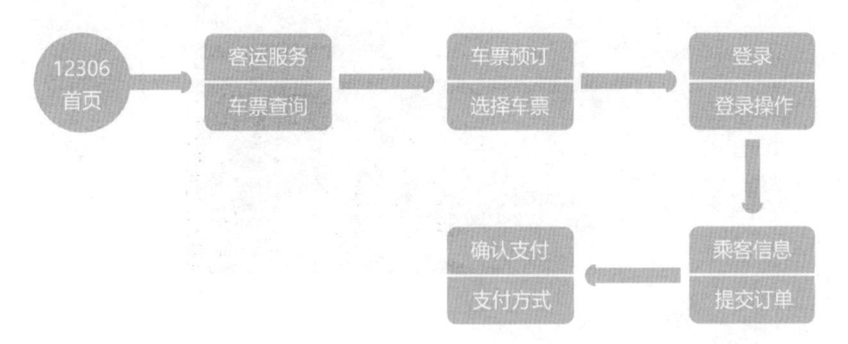

1. 首页

当前版本的中国铁路客户服务中心，显然不是时下的主流设计与实现技术。首页的框架布局并没有很明显的内容主次关系。顶部的动态图片很吸引眼球，但是给予用户有价值的信息却不多，并且又占据了第一屏空间的很大部分，显得有些浪费。左右两侧的Banner轮播跳动也很吸引眼球，Banner的内容可能并不是用户最想了解的。首页的信息内容呈现很重要，用户最想要在这里获得什么？是购买车票？还是余票查询？想知道用户的动机并不需要做用户访谈那么麻烦，12306可以直接通过后台观察数据，了解用户点击内容入口的次数，从而做出分析，根据用户的需要再进行调整才是最合理的。

2. 客运服务

到达车票查询页面，用户的动机就非常明确，想查询某一车次的情况。页面右侧区域显然不是用户最关心的内容，占用如此大空间会干扰用户的视线。应该最大化车票查询的操作，提供给用户更多的查询条件。客运服务在首页的呈现属于一级菜单，与其他“货运服务”等内容不同的是客运服务需要跳转到一个新页面打开。这个行为某个程度会与用户的认知发生歧义，其次到达该页面后的框架布局与首页的框架布局也存在差异。车票查询页与首页的关系并不明确，可考虑使用二级导航的方式规避此问题，让用户的认知感保持一致。

3. 车票查询

在输入出发地和目的地的选择框中，A-E、F-J的分类方式并不直观，如想找H，用户很难第一时间看到H在哪个分类中，可能还需要停下来思考一会才知道是在F-J的分类中。解决问题的方案也很简单，只要把分类内容全部展示就可以，如A-E展示为ABCDE，用户能看到每个字母，不用花时间思考，就可以提高用户的操作效率。

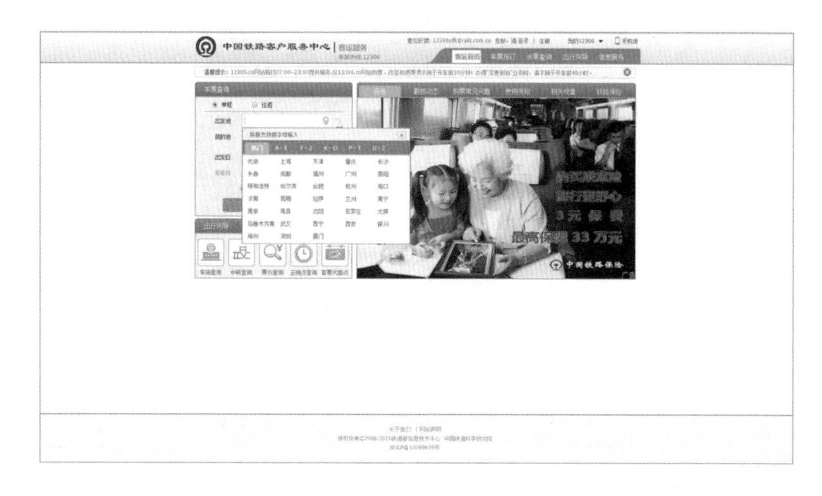

4. 车票预订

当选择完车票信息点击查询时，页面从客运首页跳转至车票预订，两个页面为平级关系，车票预订页面也有车票查询功能。所以，可以考虑两者合并为一个页面展示，省去一个页面跳转的步骤。对于查询结果，用户首要关心的是该车次有无车票，其次才关心时间与座位等信息。假如没有车票了，展示其他信息对用户来讲都是毫无意义的。所以列表上的信息呈现同样可以根据用户的需求优先级别进行展示，甚至用户可以根据自己的需要选择展示的顺序，以此方便用户第一时间找到自己需要的车票。

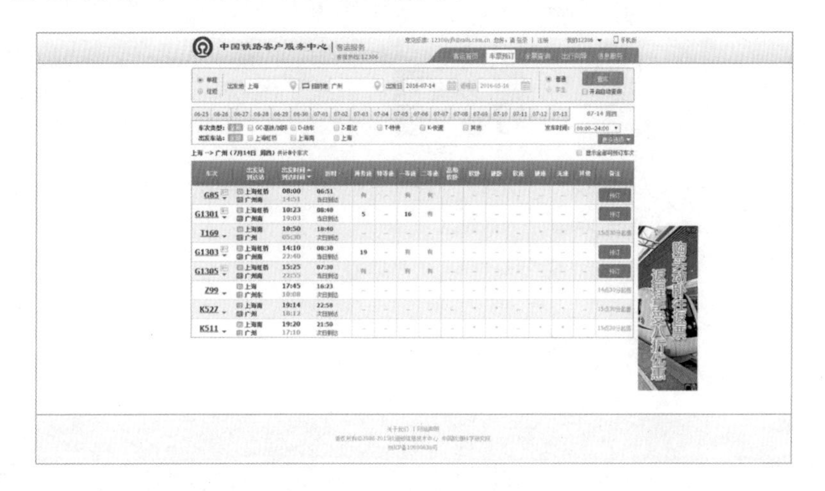

5. 登录

先登录再购买车票，还是先查询车票再登录，这个问题并不冲突。但是当用户经历了前面一系列的操作选完车票时，再弹出登录框，一定程度上是打断了用户的操作，并给用户造成紧迫感。特别是在节假日的抢票中，车票可能稍纵即逝，用户的焦虑感会增加操作失误的概率。所以登录的行为应该提前被强化，由用户选择车票开始就应该着重提醒用户进行登录操作。

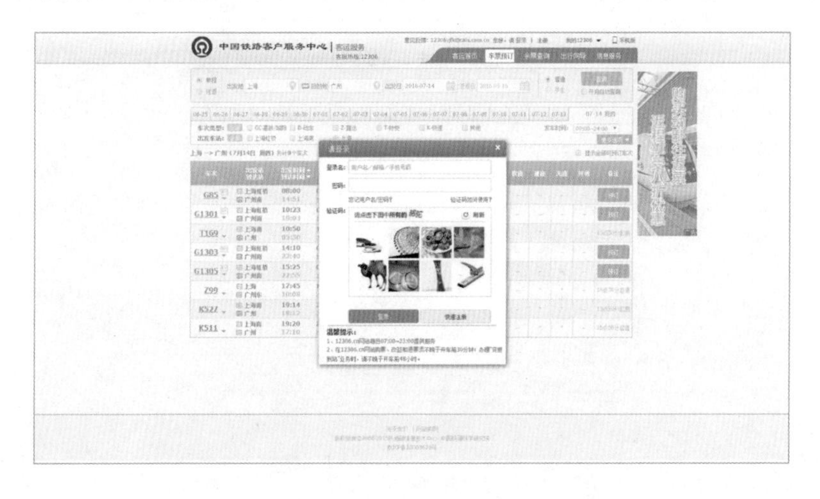

12306的登录样式有两种，以下这种登录方式需要跳转到新页面打开，登录完毕之后转到个人信息页面中，此处也需考虑用户登录完最想看到什么内容，是第一时间查找车票还是看欢迎信息。此外可考虑与对话框登录样式合为一种，减少跳转的行为。验证码是被吐槽最多的设计，抛开内容不说，从交互行为来看应该是点击某张图片为选中，再次点击则取消。而这里对同一张图片竟然可以进行多次选择，取消选择要点击上面的小图标，很难精准操作。

6. 车票预订

当某一车次有余票时，到达此页面用户关心的应该是乘客及座位信息。乘客可以默认帮助用户选中，默认选中用户经常选择的乘客或者是用户自己选择默认乘客。座位信息也是用户比较关注的内容，应该被强调体现出来。该页面下方有很长的一段温馨提醒，但绝大多数时候用户都是忽略的，可考虑隐藏或者图形化，简单图文突显重点，也便于阅读。乘客及座位信息甚至可以被提前到上一步，此时只需要执行验证提交就能完成订单，会更加快捷。

7. 确认支付

车票预订成功之后，需要用户确认并支付。此时用户关心的应该是车票的信息，对于个人信息而言只要确定姓名正确即可，证件类型及证件号码并不是用户最关心的信息，可以被弱化。此外还可以将网上的支付方式集成到该页面中，方便选择支付方式完成最后的支付操作。

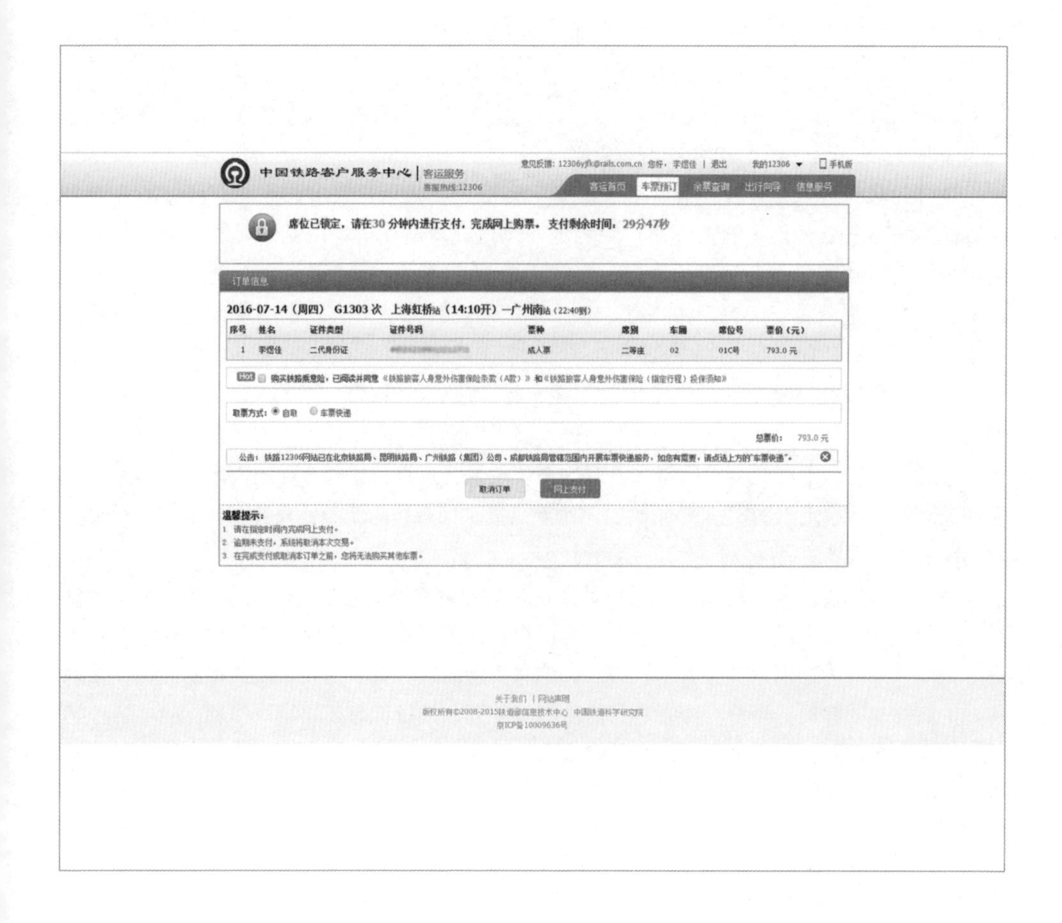

类似的体验问题在页面中还有很多，但是12306网页端始终没有更改，也许是因为旧版的网页端已经被大家所习惯并能适应使用。如果轻易做改动，可能会导致他们购买不到车票。或许12306正进行着下一版本的改造，让我们拭目以待。

3.4 表单主宰着几百万

3.4.1 表单为何如此重要

你有没有过这样的经历，当你想在互联网上获得某项服务时，总会跳出一张表单来阻碍你。为了获得你想要的服务，你还是心平气和地接受了这张表单，填写到一半时你发现这是一张流程长的表单，后面还有很多内容，但你不想半途而废，所以继续填写，这时你开始反感这张表单。提交表单时，由于存在多处错误导致提交失败。你确实很想获得该服务，于是又回去改正信息，此时心情已经非常糟糕。但是由于表单存在各种设计的不合理，反复错误几次之后，你已经崩溃了，并关掉网页默默离开。

这样的事情每天都在发生着，表单就像一道障碍，把用户需求与商业目标分割开。表单设计的好与差就体现在能否让用户顺利地通过这道障碍获得用户目标。能够获得更多的用户量也是商业赖以生存下来的基础，倘若用户没能越过这道障碍，也就是通过率低，用户流失量就会很严重。没有用户基础，就谈不上商业目标了，所以毫不夸张地说，表单关系着整个产品的存亡。

这种表现在社交平台和电商上尤为明显，社交平台的基础就是用户量，用户想要进入你的社交平台，势必要通过注册与登录的表单障碍，只有在获得用户量与用户活跃度的基础上，才能发挥其他业务的商业价值。电商的表现就更为直接，支付流程的表单决定着用户最后的成交率。无论是PC端还是移动端，无论产品提供什么样的服务，只要涉及表单就可能影响到商业目标或其他目标。

表单是如此的重要，所以在正式设计之前，你可能需要思考以下这3个问题，为设计做铺垫。第一，用户完成表单之后想获得什么，也就是用户目标。应该尽量让用户快速地接近目标，而且最好能给用户一些激励；第二，信息安全问题。如今是一个大数据的时代，获取用户的数据非常容易，用户会担心自己的隐私被公开，所以你必须让用户信赖你的平台；第三，填写表单需要占用用户的时间，最好提前告诉用户需要花多少时间，把进度可视化，让用户始终知道完成的进度。

3.4.2 表单的基本元素

既然表单如此重要，那么在设计表单之前应该先解读表单。如今的表单形式各异，视觉风格更是异彩缤纷。但即使表单跟着时代千变万化，究其根源，背后都遵循着同样的规律，就是构成表单的元素始终保持不变。接下来就从表单的基本元素开始说起。

1. 表单的基本元素

构成表单最基础的5个元素是：标签、输入框、动作、帮助信息与反馈信息。视具体情况而定，部分表单并未加入帮助信息和反馈信息这两个元素。标签就是提出让用户回答的问题，所以一定要简洁易懂。输入框是给用户填写或选择答案的控件，是搜集用户信息的容器。动作就是让用户提交表单答案的操作，一般以按钮或链接的形式存在。帮助信息用于告知用户如何正确填写答案。反馈信息则是告诉用户的填写答案是否正确，若是错误该如何修改。

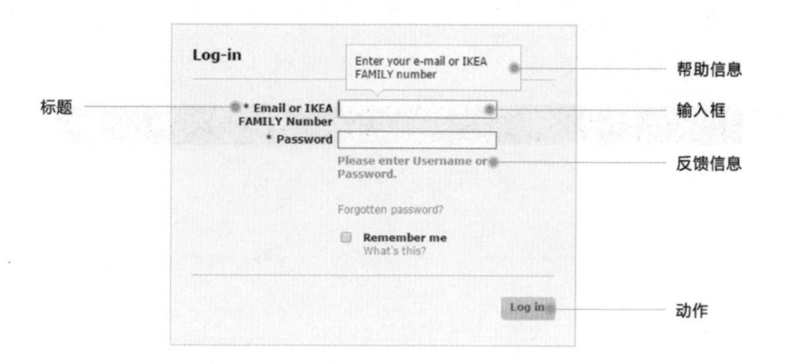

2. 标签的对齐方式

表单标签的对齐方式有：顶对齐、左对齐、右对齐和位于输入框内这4种方式。马泰奥・彭佐曾经在2006年做过眼动研究，发现前3个对齐方式在填写速度上存在明显的差距。顶对齐标签的完成时间只需50毫秒，是最快的对齐方式；右对齐标签需要240毫秒；而左对齐用时最多达到了500毫秒。然而表单的填写效率不仅与填写速度相关，还与填写的正确率相关。所以仅从速度上进行选择对齐方式不一定是最合适的，这些对齐方式本身也不存在优劣关系。只有根据实际需要选择合适的方式才是最明智的做法。例如，用户对自己的个人信息数据比较熟悉，对其他数据信息会感到陌生，面对熟悉数据采用顶对齐的方式就能既快速又高效。而面对陌生数据用户则需要慢下来，仔细阅读并填写以提高完成的正确率。

对齐方式	样式	眼动时间	优点	缺点
顶对齐标签	用户昵称： 密码：	50毫秒（最快）	快速处理 标签与输入框相邻	垂直空间增加
左对齐标签	用户昵称： 密码：	500毫秒（最慢）	容易阅读标签 垂直空间减少	标签与输入框距离远
右对齐标签	用户昵称： 密码：	240毫秒（一般）	垂直空间减少 标签与输入框相邻	可读性降低
输入框内的标签	用户昵称 密码		节省空间	容易忘记标签 仅适合文本输入框

3. 输入框的形式

常见的表单输入框有：文本框、单选框、复选框和下拉菜单等形式。文本框用于输入字符，包括了不同文字与特殊符号。单选框，单独选择互斥选项中的其中一个。复选框，选择任意一个或多个选项。下拉菜单，选择展开项其中的一个。下拉复选菜单，选择任意一个或多个。下拉菜单占用屏幕空间小，但信息内容过于隐蔽。输入框的长度及其组成形式，暗示着填写答案的线索，如IP地址输入框，输入框内的小数点暗示着填写的格式。表单有时会涉及可选项，可以的话尽量避免出现可选的输入框，若出现可选输入框，则需要标明哪些是可选输入框。在同一表单中，原则上可选和必选输入框哪个数量最少则标明哪个选项，让用户区别可选项和必选项。

输入框	样式	作用
文本框	单行 多行	输入字符
单选框	◉ 是 ○ 否	互斥关系，选择其中一个
复选框	☐ 全选 ☐ 北京 ☑ 深圳 ☐ 广州	选择一个或多个
下拉菜单	下拉菜单：请选择 / 北京 / 深圳 / 广州 下拉复选菜单：请选择 / ☐ 全选 / ☐ 北京 / ☑ 深圳 / ☐ 广州	下拉菜单：选择其中一个 下拉复选菜单：选择一个或多个 占用屏幕空间小，但信息过于隐蔽

4. 主动作与次动作

在同一表单中可能会涉及多个动作，每个动作都有不同的功能，根据功能行为的重要性，把动作分为主动作和次动作。类似提交、继续、保存等用于完成当前表单填写的重要行为动作，称为主动作。而像重置、返回、撤销等对填写表单起辅助作用的则称为次动作。由于次动作重要性不高，有时候还会干扰用户，例如，重置按钮万一误操作会删除用户所有的输入信息，所以尽量不要出现。如果一定要使用的话，在视觉上主动作与次动作要有强弱区别。此外，主动作与输入框左对齐会使用户眼动距离减小，可以提高完成效率。

动作	样式	作用
主动作	提交 保存 继续 确定 发送 完成	用于完成当前表单填写
次动作	取消 撤销 返回 重置 新增 删除	辅助完成表单

表单的基本元素并不复杂，表单设计的难点在于选择什么元素应对业务的什么场景和什么需求，这是设计中需要思考并不断验证完善的过程。

3.4.3 简单高效的表单设计

在生活中我们会看到很多表单，需要填写很多表格。如申请银行账户、办理签证手续、激活成为会员等，总少不了要填写表单。到了互联网中，网络并没有让表单消失，我们依然会为了购物、浏览网站或其他目的不厌其烦地填写着令人讨厌的表单。既然表单已经无法避免，那么作为设计师就应该想方设法缩短用户与目标的距离，让表单呈现更简洁，让用户操作更高效。

1. 选择恰当的标签对齐方式

表单常见的标签对齐布方式共同有4种，上节说到马泰奥・彭佐对此做过眼动研究，证明顶对齐的方式完成速度最快。但快并不意味着完成的正确率就高，当信息量过大的时候使用顶对齐方式用户更容易出错。如果表单填写信息内容需要规范严谨，填写格式要求严格的话，可以考虑使用左对齐的方式。左对齐方式能延长用户的阅读时间，让用户慢下来思考，以保证填写的正确率。根据用户使用终端的不同，选择对齐方式也有所区别。例如，手机端由于屏幕小，为了节省屏幕空间，类似登录页面，可以使用标签位于输入框内的对齐方式。根据用户场景、信息内容、使用环境选择恰当的标签对齐方式是设计好表单的第一步。

2. 信息内容整理

谁也不喜欢表单，所以在设计的时候首先从需求上筛选掉一些价值性不高的信息，或者把部分不重要的信息设置为可选的填写状态，先从数量上减少用户填写的负担。或允许用户先填部分信息，日后再补充完整信息。然后我们需要把信息重新组织分门别类，对信息内容进行加工，使信息呈现更加清晰，方便用户阅读。信息内容过多时，特别是当第一屏显示不完整，需要向下滚动很长距离时，可考虑采用分步骤分页面的方式进行设计，在特殊情况下可以把部分非必要的信息进行隐藏。

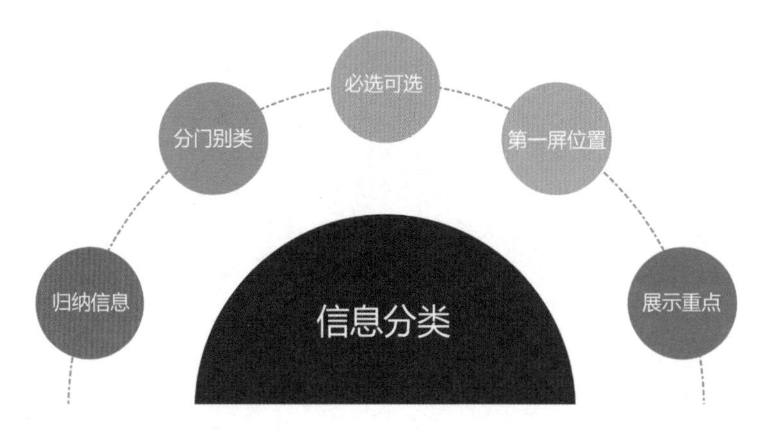

3. 更加智能的表单

在表单的初始状态下设置默认值，可以提前帮助用户选定内容。例如，游戏注册表单性别默认为男性。可根据数据分析来做判断，假如男性的比例占比高，那么相对大多数用户而言，就方便了填写操作。

预先填写内容，通过第三方登录或者其他数据渠道获取用户的信息。当需要进一步填写内容时，要保存用户的第三方信息，预先帮助用户填写。

观察表单与其他信息的关系。表单并不是独立存在的，需要了解清楚表单在流程中的位置。考虑用户使用场景进行设计，例如，用户填写完表单之后才告知未注册，需要注册之后才能完成表单的内容，这样等于让用户白填写了一遍，他们肯定会直接放弃操作。

提供帮助。帮助的形式有一直出现或适时出现。帮助的位置有：在输入框内、输入框外。帮助样式有：文本、链接、浮窗等。设计的重点还是需要根据用户使用场景选择适合的方式，达到真正帮助的目的

及时反馈。特别是信息量过多，填写内容需及时给用户反馈正确与否，让用户及时修正。如果当所有内容填写完毕再给用户反馈，反馈的结果是一片红色的错误，就会让用户受挫感比较强。

容错机制。用户是人而非机器，在填写过程中肯定少不了出错或者误操作。例如，用户误操作关闭表单，回来发现我们贴心地帮助他们保存了填写内容，这会让用户好感倍增。

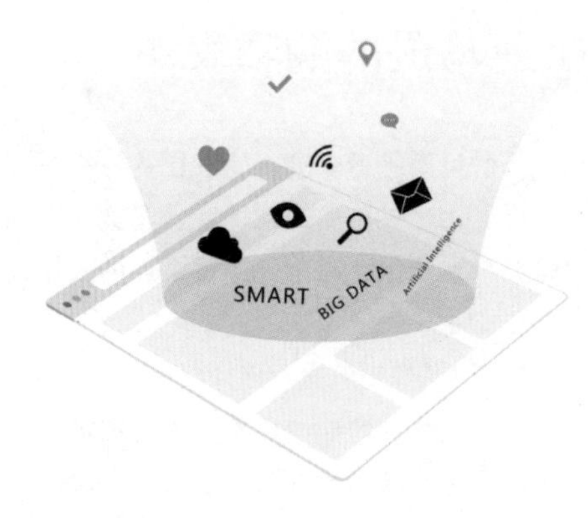

4. 体现人文关怀

视觉上的控件可以设计得更加精美，加上背景图、动效等元素，提高用户的愉悦度。视觉设计要符合目标用户的审美与背景，能与用户产生共鸣。同时也要把握视觉元素展示的度，过多的视觉元素会干扰用户填写信息。

减少错误提示的感叹号与红色文字警告。使用温馨的口语化形式告诉用户解决方法，用卖萌的方式代替冰冷的文字提示。能兼容键盘TAB切换填写，来照顾残障人士。

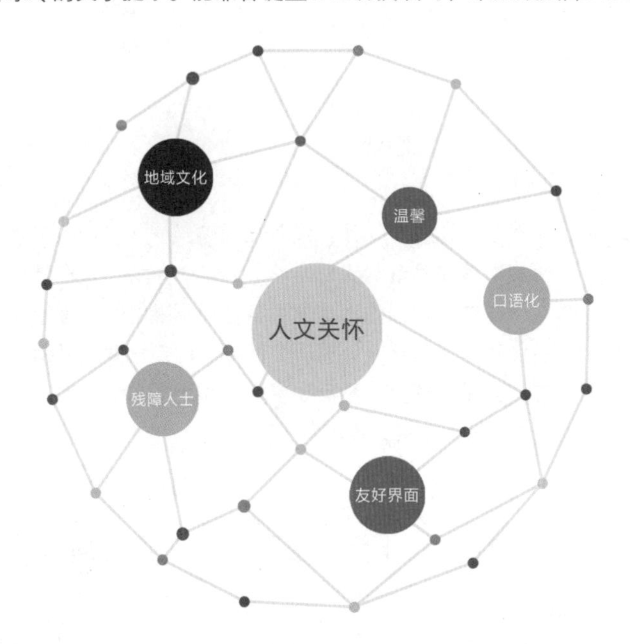

在未来，也许随着大数据和技术的发展，表单很可能会发生根本的变化，甚至再也不需要表单。也许到时使用大数据获取到的信息会比用户自己填写的更精准，但现阶段表单仍起着十分重要的作用，所以要更加注重表单的设计。特别是当前，移动端快速已发展成为上网的主要途径，在移动端上要充分考虑到输入键盘以及其他环境因素对表单的影响。

3.4.4 实战：解析亚马逊的购物表单

美国亚马逊在中国布局亚马逊电商平台，并一直在国内占有一席之地。除了运营战略之外，电商购物流程的设计一定程度上也关系着收益率。亚马逊在购物流程的表单设计上，有哪些优势，同时又有哪些阻碍呢？下面以亚马逊电商网页端的表单设计为例，来看看亚马逊是否真的完全契合中国消费者的习惯。

按照亚马逊的购物流程，我们对过程中的表单进行分析。大致流程是：选择商品→结算→登录→配送地址→支付，或者登录→选择商品→结算→配送地址→支付。一般用户都是先选择商品再登录，具体流程是：选择商品加入购物车→结算→登录→配送地址→送货地址→支付方式→提交订单。按照这个具体流程，下面展开对每页表单设计要点的分析。

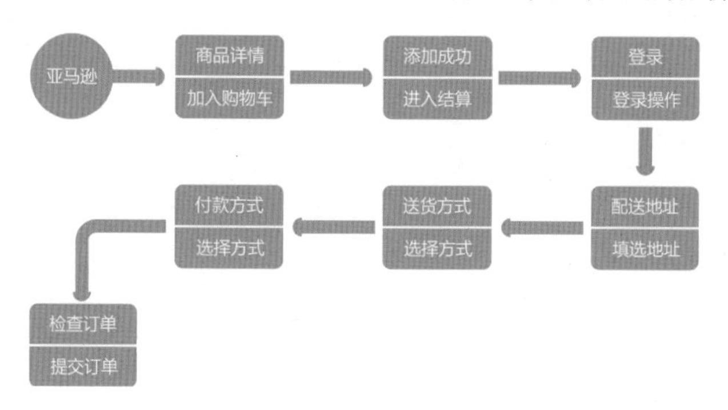

1. 选择商品加入购物车

在商品详情页面，只有加入购物车操作，没有立即购买操作。加入购物车与立即购买并不矛盾，立即购买可以直接对该商品进行支付操作。而加入购物车仅表示商品放入购物车，并未开始结算，想结算买单需进一步操作。这里可以把亚马逊的做法理解为在逛超市，我们要选择多件商品然后一并结算，没有选一件付一件的概念。但毕竟互联网购物与现实不同，选一件付一件用户可能并不会觉得麻烦，相反如果加入购物车与立即购买两者同时存在，在特定的场景下可以给用户提供便捷路径，提高购买率。

2. 结算

把商品加入购物车成功之后跳转到此页面，告知用户商品已加入购物车中，此页面可进行修改购物车和结算操作。但页面的存在比较鸡肋，若用户加入购物车之后想继续浏览购买商品，这里并没有显眼的返回路径，就像在超市中我们把商品放进购物车后，我们的位置应该还是处于超市内，并没到收银台。同样的道理，这里应该先告诉用户商品已经加入进购物车了，然后用户可以继续浏览商品或者结算。

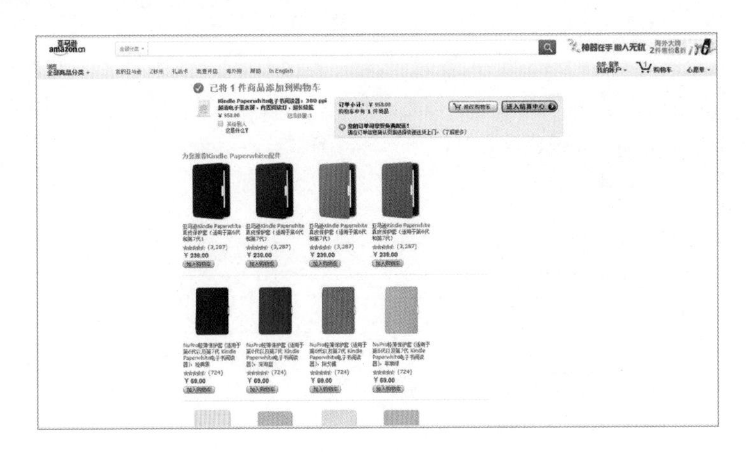

3. 登录

登录输入框采用了顶对齐的方式，浏览完成只需50毫秒，是最快的对齐方式。因为登录的邮箱、手机号码和密码都是用户熟记于心的字符，采用顶对齐的方式能让用户快速地进入登录。忘记密码采用文字链接的形式右对齐于密码输入框，用户在正常的登录操作下不会被干扰，当密码错误时密码输入框颜色变红，此时用户视觉会聚焦到输入框上，容易在周边发现忘记密码的操作入口。支持第三方的登录方式会让登录更加简单，目前亚马逊在中国支持微信登录，也算比较接地气。亚马逊登录页中把登录分成了三部分，按照操作的频繁度排列展示，如果把注册账号作为主要部分进行展示显然是不合适的。

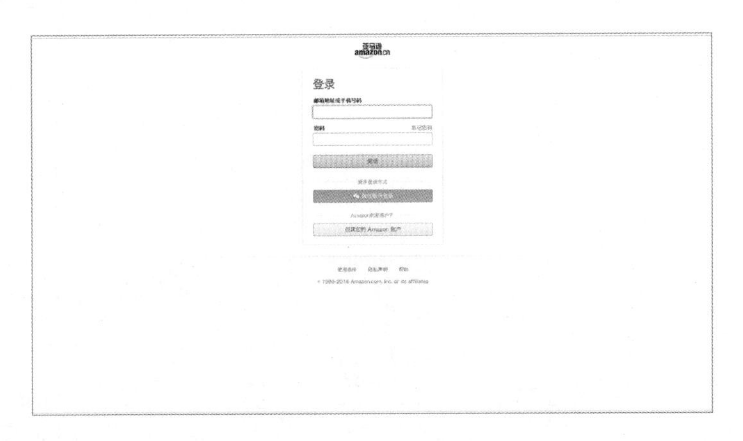

4. 选择配送地址

此页面分为3个信息展示：默认地址、添加新地址、查找自提点。假如用户已有默认地址，那么下面两个展示信息对用户来讲意义并不大。所以此页面的理想状态应该是根据用户的情况展示，当用户没有地址时，重点展示添加新地址和查找自提点。当用户已有地址时，添加新地址和查找自提点应该被弱化，留一个比较明显的入口，当用户有需求时再进行触发。毕竟经常更改地址或者新增地址的情况相对比较少。值得一提的是添加新地址与查找自提点的表单对齐方式并不一样。添加新地址采用的是顶对齐方式，而查找自提点采用的是左对齐方式。其原因是地址的信息是用户所熟悉的，人们对自己的个人信息及住所都很了解，顶对齐方式可以加快用户的填写速度。相对而言查找自提点对用户来讲是个陌生的功能，左对齐的浏览时间达到500毫秒，是最慢的一种对齐方式，亚马逊尝试让用户慢下来，了解清楚相对不熟悉的内容，才不会容易出错。

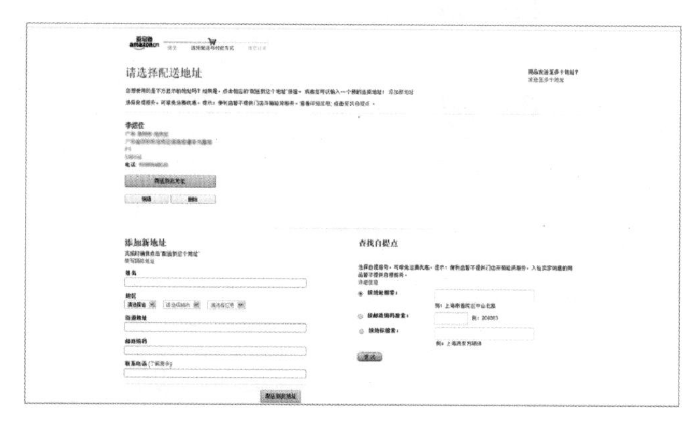

5. 选择送货方式

配送地址与选择送货方式，某个层面上讲应该是可以合在一起选择的维度。分为两个步骤进行与上面的进度条背道而驰，会让用户产生困惑：进度上只有3步，而实际操作中并不止。亚马逊把选中的物品信息展示在左边，更改商品信息的操作采用文字链接的形式，相对于“继续”的两个按钮非常弱。其意图是想引导用户快速进行下一步操作，完成商品的购买，提高交易成功率。

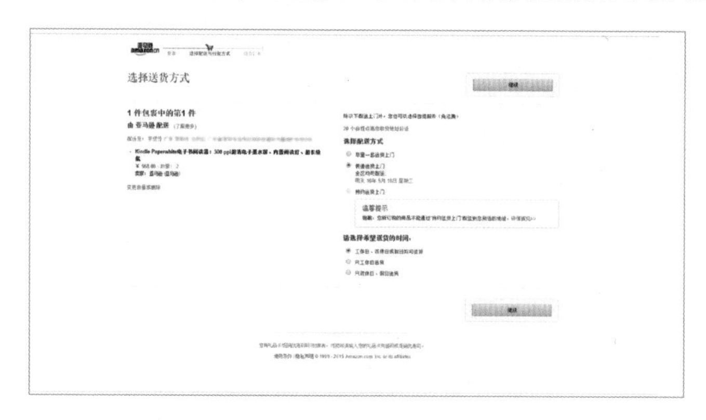

6. 选择付款方式

目前在中国网购使用信用卡支付并不是最快捷的支付方式，但亚马逊把该方式放在最前，可能是因为没有考虑中国人的消费习惯。此页面中亚马逊很巧妙地把订单的总额隐藏起来，其目的可能是想让你暂时忘记金额的事情，让你安心地“剁手”。相信这个设计在亚马逊背后肯定是通过测试或有数据支撑的。倘若隐藏总额之后成交率很低，亚马逊肯定不会反其道而行。默认隐藏总额可以让用户更聚焦于选择支付方式的操作上。

7. 检查订单

这是支付的最后一步，把前面操作过的信息都展示出来，让用户做最后的确认。当然修改信息的入口依然是弱化处理，信息内容包括了商品、地址、支付方式与配送方式。而配送方式可以在这个页面直接修改。该页面把订单的总额展示出来了，位置位于提交订单按钮下方，用户对金钱的问题比较敏感，如果确认无误，直接点击提交订单就可完成购买。如果对总额有异议，可对商品进行再次确认，避免用户发生误购商品。

8. 完成购买

到这里购物流程结束，等待收货。但是购买完毕之后用户可能想查看此订单，然而订单相关的信息的屏占比却不大。此时用户可能被推荐内容、二维码、广告等信息干扰，会暂时忘记想查看订单的动机。相对于订单信息而言，其他内容显得有点喧宾夺主。

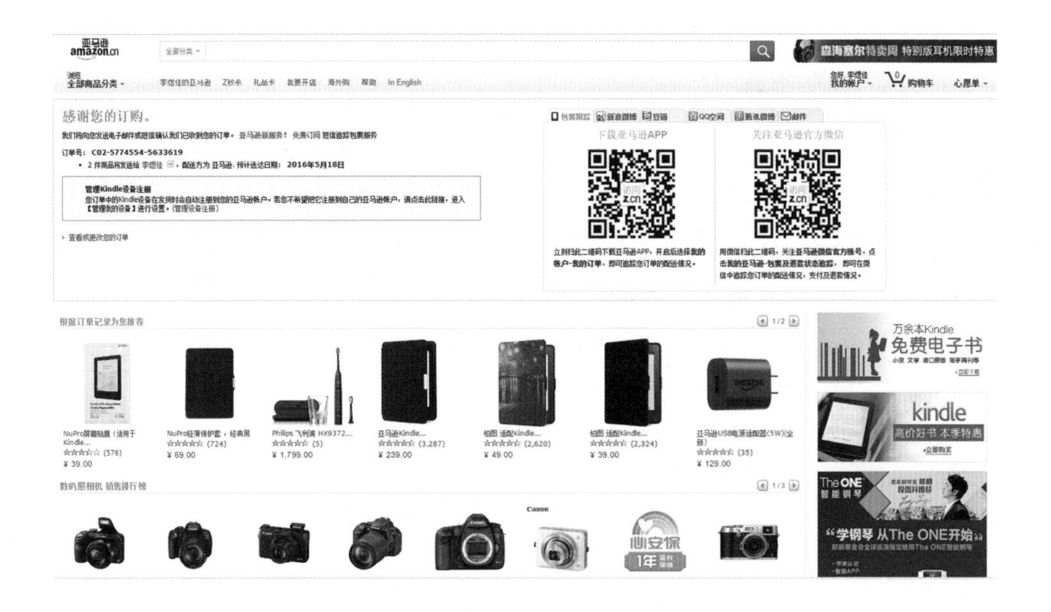

亚马逊电商平台想要本土化就应该对当地的消费人群有更深入的了解，显然在这点上亚马逊还有提升空间。从表单的设计上可以看出，亚马逊针对中国消费者做了设计改变，但仍不彻底。设计时不能完全复制原来的设计流程，根据当地用户的特点及需要进行设计才能符合全球化的战略部署。

提升用户体验

4.1 强化第一印象

4.1.1 功能性动效设计

随着用户体验理念的普及，产品间在交互设计上的差距越来越小。为了进一步提升用户体验，大家纷纷把目光聚焦到动效设计上，试图用新颖有趣的动画吸引用户的眼球，从而赢得用户的青睐。如果只是用酷炫的效果取悦用户，那就失去了动效本身的意义。我们在设计动效的时候，应该能解释它们存在于页面中的目的，就像解释页面交互元素的道理一样。

1. 认识功能性动效

动效作为界面设计的一部分，它区别于传统的动态图片，它的存在应该是合乎界面的逻辑，并带有目的性的。动效是为了更好地帮助我们传达设计理念，弥补交互上的缺陷，提升体验的品质。功能性动效在页面中发挥着承上启下的作用，也是呈现优先级与重点内容的一种方式。它有自己的一套明确存在的依据，如果你不能解释它存在的目的是什么，那么这个动效设计可能就是多余的。

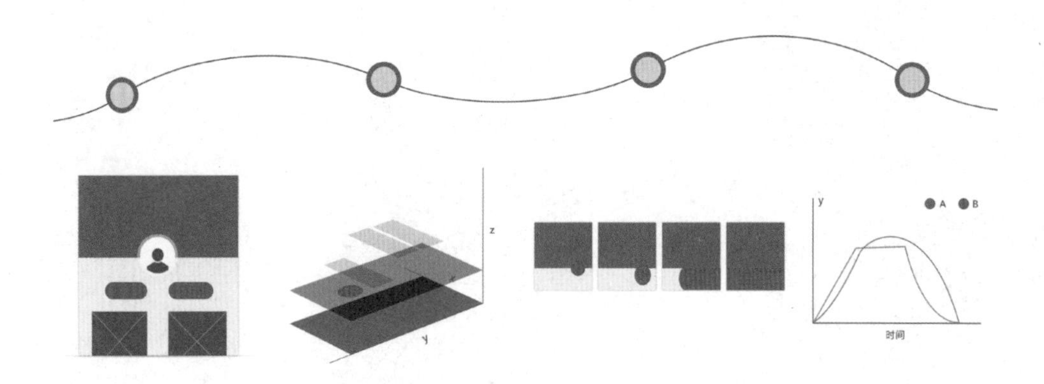

2. 功能性动效的作用

- **状态反馈：反馈用户当前的行为**

状态反馈的动效在界面设计中十分普遍，有按钮、链接、控件等。当鼠标悬停时或点按时，会使它们原来的状态发生改变，实时给予用户反馈，让用户确定自己的操作以及预知接下来页面可能会发生的变化。

- **指引：让用户知道操作的结果**

功能性动效也可以在界面中起到导航的作用，揭示产品的信息架构。指引性的动效，可以让用户保持方向感，理解所发生的变化。保证所有的操作都在用户的可控范围内，不至于让用户在突然隐藏或消失的操作中迷失方向，感到不安。例如，苹果MAC的OS系统，Dock栏中的文件展开与收起动效。

- **同一位置的新动作：操作按钮的功能变化**

在页面操作中，经常会涉及按钮的操作带来功能变化。特别是在移动端中，因为屏幕空间有限，这种设计更为常见。同一位置的按钮不仅在样式上发生了改变，在功能上也产生了变化。功能性动效的加入，是为了确保前后衔接过渡自然，让用户感知其变化。例如，iOS系统中的设置开关按钮，虽然开关的行为是互斥的，但在同样的背景下使用功能性动效可以转化这个互斥关系。

- **强调：吸引用户的注意**

在界面设计中，特别是网页设计中，用户容易被屏幕的各种文字信息、图片、链接等内容分散注意力。但是有时候用户的某些操作是需要及时被反馈告知的，而这种反馈不像警告那么严重，警告的提醒会阻碍用户当前的浏览。因此便产生了强调性的动效，它的旨意在于通过带有运动性质的动画，绕过静态的页面，吸引用户的注意，反馈告知用户的操作结果。例如，网页版天猫的加入购物车操作，点击加入购物车按钮之后，会有一个物体按照设定的轨迹飞向旁边的购物车图标中，以告知用户加入购物车成功。

- **系统状态：正在进行的状态，缓解用户焦虑的情绪**

由于设备或服务器在处理数据时是需要花时间的，因此会占用用户的操作时间。常见的系统状态有加载、刷新、进度等，在这些系统状态中融入功能性动效，可以告知用户当前的系统状态：已启动、进行中、结束、成功或失败。让用户清楚地知道系统的处理情况。加入一些情感化的小动画，又能缓解用户等待时产生的焦虑情绪。例如，在加载内容时告知用户进度，动态的进度条会让用户感觉系统正在处理数据，心理上会感到踏实。

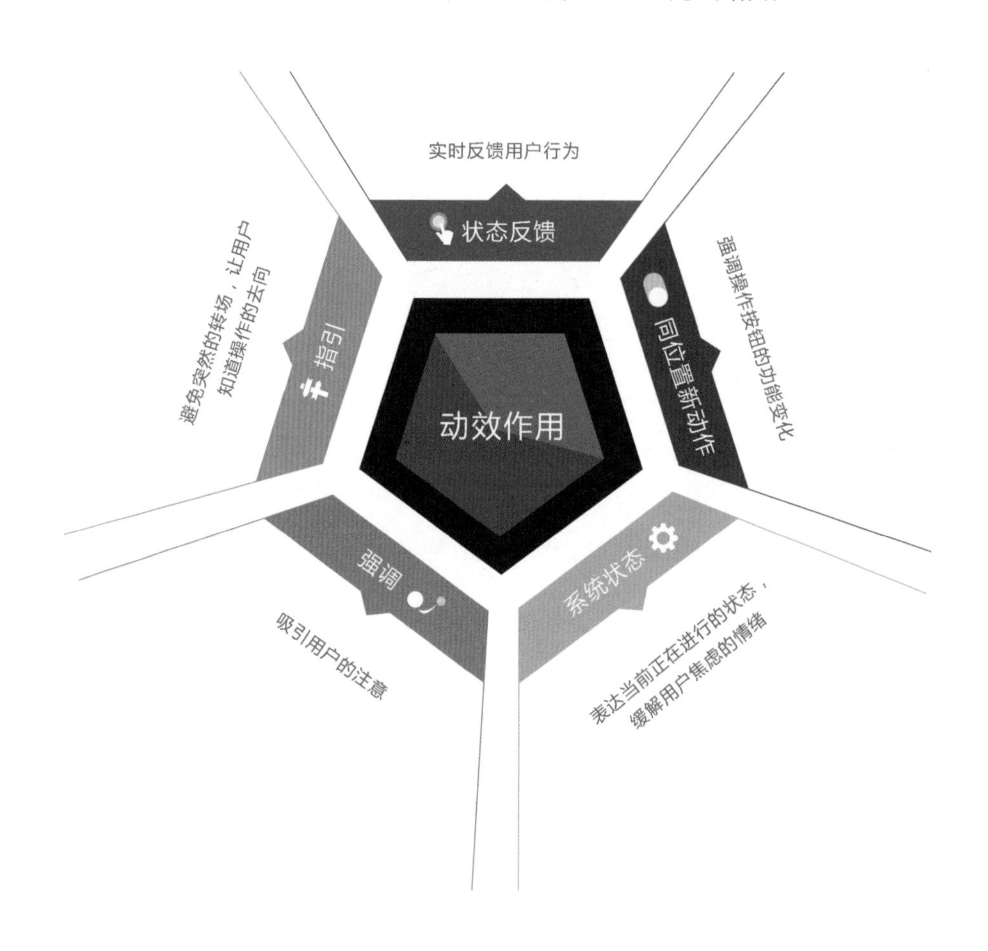

在界面设计中，动效设计越来越受关注，说明动效设计在提升用户体验上有着独特的贡献。动效的魅力不仅在于它的趣味性，更在于它的功能性目的。它可以给用户及时反馈、揭示产品的信息架构，消除用户的焦虑情绪等。在动效设计的探索中，也许会融入情感化设计，让动效更具亲和力与真实性，但动效的功能性目的不会改变。

4.1.2 实战：有趣且有意义的动效

上一小节中讲到什么是功能性动效以及它的作用，主要的作用有状态反馈、指引、同一位置的新动作、强调和系统状态等。通过动效可揭示产品的架构，让交互方式更接近真实世界。动效需有真实世界的运动规律性，不是瞬间的生硬切换，是交互元素之间衔接的纽带。动效也可以起到引导的作用，化解产品的复杂性，让用户更愉悦地完成任务。

- **Google App的状态反馈**

打开Google App客户端，首页只有文本输入框和语音搜索按钮两个主要交互元素。点击输入框，输框的状态会变为获取光标的状态，默认出现键盘。点击语音搜索按钮，进入语音搜索界面。这里的动效都是点按操作之后的状态反馈，无论是输入框位置的移动还是语音搜索按钮放大的效果，都是为了反馈当前状态正在发生改变。

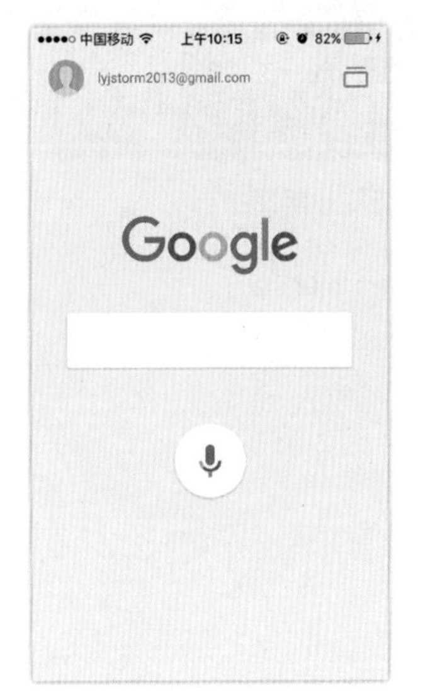

Google iOS客户端14.1

- **谷歌日历的指引动效**

谷歌日历客户端中，每当有节假日或者生日等提醒时，用户可以点击该节日进入详情页查看具体信息。例如，圣诞节，点击圣诞节控件之后会有一个过渡动效，圣诞节控件被逐步放大最后形成一个新页面，也就是圣诞节的详情页。关闭详情页时，详情页会随着打开的轨迹动态缩小，直至页面回到起始位置。看起来很简单的动画效果，它有着暗示用户的作用，让用户知道操作的去向，让页面的转变更自然、优美。

谷歌日历iOS客户端1.3.1

- **苹果官网的菜单展开动效**

在手机端的Web中，苹果官网的导航栏左侧是菜单按钮。当点击该菜单按钮时，导航菜单的内容会以下拉菜单的形式展开，展开后菜单按钮由原来的菜单图标转变为关闭图标。此过程中图标会有过渡动画，操作按钮发生改变，其功能也会随着改变。同样是原来的位置，点击关闭按钮，收起展开的下拉菜单，关闭按钮又变回原来的菜单按钮。

iOS 9 Safari浏览器

- **Google Drive的强调动效**

Google Drive客户端进入文件夹管理时，长按某个文件夹便可对该文件夹进入编辑。为了让用户知道被选中的是哪个文件夹，谷歌采用了强调的功能性动效，让用户在面对多个文件夹时，能第一眼认出被选中的文件夹。当长按某个文件夹时，该文件夹会以控件的悬浮状态出现，放开长按时该控件被弹到底部。此时用户的视觉焦点会被控件的移动所吸引，知道所选中的文件正处于底部。

Google Drive iOS客户端4.8.1

- **谷歌日历的系统状态**

谷歌日历客户端在初次使用时会获取用户本地手机的相关资料，过程中需要一点时间设置日历。这是一个系统状态，无法避免。谷歌日历通过一个小动画——日历不断地翻页，让用户感觉到“进行中”的状态，有趣而且让用户充满期待。

谷歌日历iOS客户端1.3.1

每一个酷炫的动画效果之后一定有其存在的理由，谷歌产品都遵循着Material Design的设计理念。动效设计过程中不仅仅考虑间距或运动函数，不同的设备由于性能差异，会导致最终效果存在差异，设计之初就要考虑这个问题，过程中可以进行协调规避。最好的设计是简单的设计，这个理念在动效设计上同样适合，需要设计师精心选择必要的结构性元素，简单舒适的动效会让用户感觉到产品的生命感、情感与人文关怀。

4.2 让用户察觉不到设计的存在

4.2.1 沉浸式设计

随着工业设计与互联网技术的发展，目前VR设备等新智能产品技术日趋成熟，让我们对未来充满想象。VR设备即是虚拟现实头戴显示器。讲到虚拟现实，我们就会联想到沉浸式体验。沉浸式是个大概念，我们经常听到的沉浸式体验，只是曾经在互联网中被应用的一种设计法则，它是指用户投入目标活动中达到沉浸的身心感受。

1. 认识沉浸式设计

沉浸式是指人在专注于一个目标时，达到忘我的状态，并可以从中获得充实、愉悦的满足感。简单来讲，就是当我们集中精力在做一件事情的时候，会把精神投入到所关注的目标上，忘记当前自己所处的环境、忘记时间的流逝，甚至可以忘记微小的疼痛感。例如，在观看电影时，我们会被影片的情节吸引，置身于影片的角色之中，身临其境地感受电影中跌宕起伏的故事情节和人物的心理变化，而忘记此时此刻身处于电影院拿着爆米花的自己。

2. 沉浸式设计的作用

沉浸式设计是设计师预设一个目标，并尽可能地排除所有对用户造成干扰的因素，让用户快速地集中注意力关注该目标，达到设计者期望用户进行的行为。沉浸式设计的方法涉及很多方面，如营造一个特定的环境，渲染环境氛围或是引用故事情节，让用户按照设定的节奏，以最少的认知或无认知（潜意识）在短时间内进入预设的目标中去。举个例子，我们进入电影院观看电影时，在电影开播前会把多余的灯关掉。其目的在于让人们的视觉聚焦到屏幕上去，快速进入观看电影的状态。此外还有3D、4D、弧幕、球幕等设备与技术，都是希望从人的感官上出发，打造身临其境的体验，营造更真实的虚拟环境，让用户处于沉浸式的状态。

3. 体验设计中的沉浸式设计

互联网产品并没有像娱乐产品那么丰富多样，把人的五感体验发挥得淋漓尽致。互联网产品更加专注于感官的视觉感受，再者就是听觉。因为在互联网产品中，视觉是用户最容易接触到的。我们日常接触到的互联网产品中，有哪些是属于沉浸式设计呢？例如，手机的状态栏，颜色采用背景色，最大限度地降低视觉干扰，让用户聚焦于内容。iOS的Safari手机浏览器，当我们向下滑动屏幕时，底部页签就会自动隐藏，顶部的地址输入控件也会缩小成当前地址的名称。这样的做法是为了最大化内容，使用户聚焦到信息内容上，而不是被其他不相关的元素干扰，这就是属于打造沉浸式体验的一种做法。还有Nike推出的《Tech Book》App，把Nike的商品最大化，通过简单的上下左右操作查看商品信息，屏蔽掉其他不必要的信息。左右滑动360° 观看商品，也可以通过滑动观察模特动态的着装效果，让你更沉浸于挑选商品。

综上所述，互联网产品的沉浸式设计，是有目的性地去营造一个氛围，让用户快速地去达到设计师的目标。沉浸式设计体现在体验设计的方方面面，不仅仅只是交互设计师或视觉设计师要关注的问题。最后在设计目标时，要把握使用元素的度，不能喧宾夺主，让这些元素造成对用户的干扰。这个过程中我们应该不断反思，用户的终极目标是什么，我们要用户来到这里完成我们预期的什么行为，我们需要呈现哪些东西，怎样可以让用户快速地进入沉浸式的状态。权衡好商业与用户价值的利益关系，才能提高用户黏性，提高转化率。

4.2.2 实战：谷歌地图的沉浸式设计

每当我们打开手机地图，绝大多数情况下是对地理环境不熟悉，想要得到帮助。使用手机地图的多数场景是在户外，由于户外的环境光较为强烈，所以谷歌地图iOS客户端4.18.0界面色调以浅色调为主，方便在强烈的阳光下看清晰界面的内容。

谷歌地图的首页界面交互元素很少，只有顶部搜索框和右下角的定位和路线两个按钮。谷歌地图并没有把状态栏覆盖掉，依然保留显示运营商、信号、时间和电量等信息，方便用户查看定位是否正常工作、网络信号等信息，对用户来讲这些是必要的信息。

搜索框中有菜单和语音搜索按钮，把这两个功能入口放在搜索框中统一起来，减少对地图内容的干扰，让用户更聚焦于地图上的信息。当用户点击地图时，所有交互元素都会被隐藏起来，最大化显示地图，仅留下当前位置的标示，再次点击则可唤起所有被隐藏的元素。排除所有干扰项才能让用户沉浸在地图的查找中。

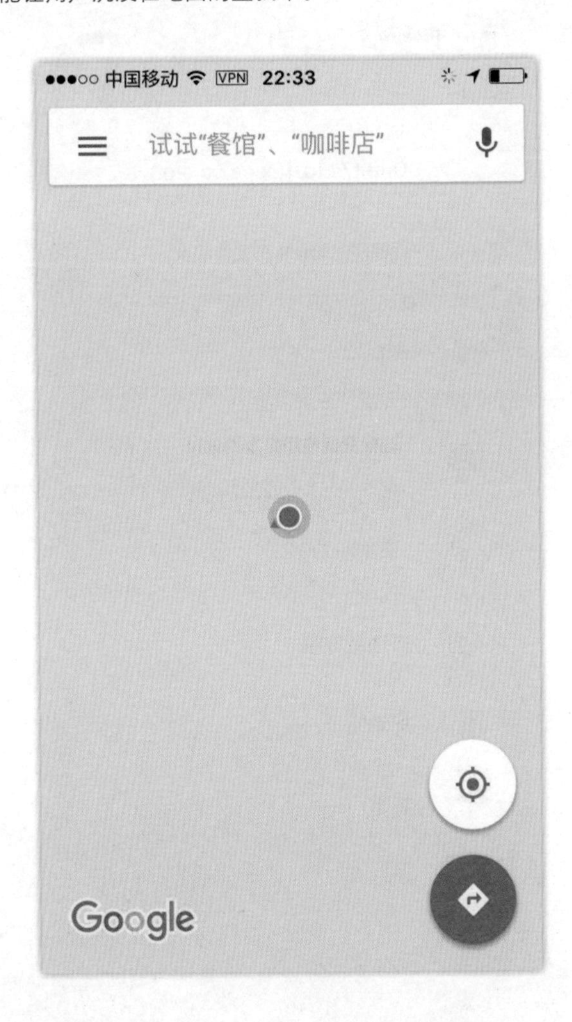

进入搜索页面后地图被隐藏，最大化显示搜索页面。原来的搜索框位置固定不变，始终保持用户认知的一致性。搜索页面包括了历史记录、搜索周边以及常见的服务等功能，按照用户的使用频率进行分类排列，若无历史记录则首先显示搜索周边。搜索框的作用不仅承载着输入内容的作用，更是一个固定的导航栏，向下浏览内容时位置始终固定，搜索框左侧的返回按钮，与首页的菜单按钮位置一致，容易理解。右侧是进入语言搜索，也与首页保持一致。所以达到此页面并不会引起用户的不适应，用户会感觉自己仍身处于地图之中。

路线搜索页界面分为3个模块，3个模块的展示顺序根据用户的使用过程作为展示线索进行排布。想想我们在纸质地图上查找某个地方的过程是如何的，第1步我们需要知道起点和目的地，第2步是找出一条最近的路线，最后是沿着这条路线走。

进入该页面后，第1步是确定起点和终点，起点默认是用户当前的位置，用户直接输入终点名称就生成一条路线。第2步是选择最近的路线。谷歌地图区别于纸质地图的是，它可以选择出行的交通工具，默认的交通工具是驾车，地图上会生成路线，并选中用时最短的路线。路线上标有实时路况，用户可以清楚地看出某路段的拥堵情况。最后一步是跟着路线走，也就是进入导航页面。导航页面的设计要按照用户从上到下的浏览习惯，不能把此顺序打乱，否则会造成用户使用错乱。

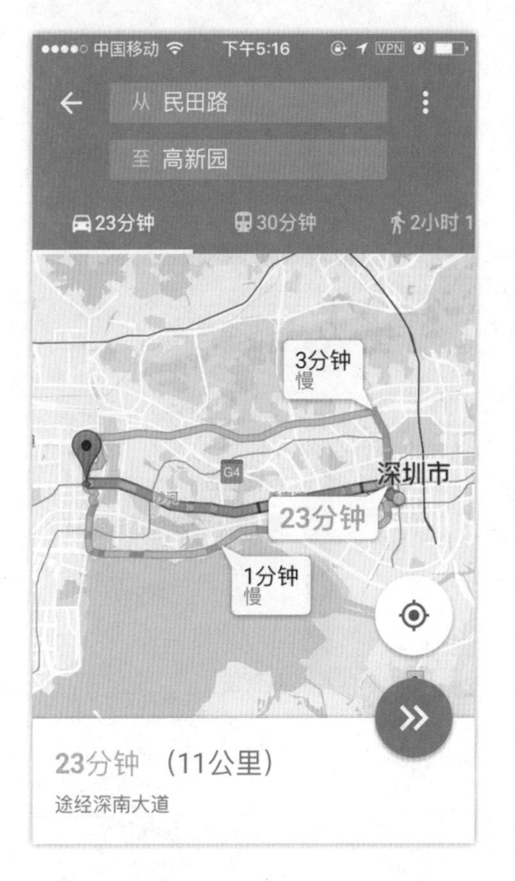

选择出行交通工具时，若选择地铁，展示的内容与驾车有所差异。由于是地铁路线，所以核心内容由原来的地图线路转为地铁线路。用户如果选择此出行方式，他们会更在意地铁的路线信息：是否需要换乘、选择哪条地铁路线更方便快捷等。所以地图的信息被弱化，直到用户选中某条地铁路线展开之后，地图再次出现，并把该地铁路线展开。也就是导航的最后一步，让用户跟着此地铁路线走。

选择出行交通工具时，若选择步行，展示的内容与驾车相似。同样的，地图上会生产3条路线，并默认选中最近的一条。区别于驾车路线的是，步行路线采用的是线段的视觉表现形式，也没有实时路况，让用户更容易识别。进入导航时也与驾车类似，只是在线段显示以及实时播放的用语上有所区别。

“搜索周边”相对于以上的功能来讲是次要的，此页面是在搜索页面跳转而来的。层级比较隐藏，用户一般使用的场景多数是在出行前，想去往附近周边的场所。相对于上面的用户使用场景来讲可能不会在马路上或嘈杂的闹市中，所以用户有更多的时间和精力对内容进行筛选。

谷歌地图没有大而全的功能，主次明确，用最简单的交互元素组合成最好的沉浸式体验。最大化用户使用地图的动机，让用户沉浸于找路线中，高效快速地到达目的地。用户在户外由于环境嘈杂情绪受影响，容易分神从而产生误操作，如果盲目增加功能，五花八门的功能更会让用户分心。考虑不同的使用场景做出不同的功能设计，让设计更符合该场景下的需要，为达到用户目标，尽可能地排除干扰项，这才是沉浸式设计的精髓。

4.3 高颜值，不高冷

4.3.1 情感化设计

如今的体验设计师不能只是关注外观设计，用酷炫的视觉效果来吸引用户眼球。而更应该思考如何让用户更容易地接受产品，破除产品与用户陌生的隔阂，使产品与用户拉近距离，也就是让用户对产品产生情感互动。

1. 认识情感化设计

唐纳德・A・诺曼在《情感化设计》一书中，以本能的、行为的和反思的3个层次的设计讲述情感如何融入产品，重新赋予新的产品价值。情感化设计是指抓住用户的注意力使其产生情绪变化，提高完成已设定行为的可能性的设计。简单来讲，设计吸引用户的感官注意，使他的情绪发生变化，做出某些行为。产生的情绪变化，可能是愉快的或是厌倦的情绪，最终目的是完成设计师所预期的用户执行的行为。例如，手机闹钟，通过声音或震动来吸引用户的听觉和触觉的注意，用户醒了之后情绪发生变化，厌恶闹钟的声音，从而做出关掉闹钟的行为。

2. 情感化设计的3个层次

正因为情感因素是由本能的、行为的和反思的3个层次组成的。所以在设计产品的时候，考虑情感化因素就需要考虑到这3个层次。互联网产品中，本能设计关注的是表现层，就是产品的整体观感与细节呈现的视觉效果。而行为的设计，就是交互设计部分，关注操作的易用性、用户的使用感受等。反思的设计则是最吸引用户的，能让用户发生情绪变化的设计。此部分可能是视觉的、交互的、运营的……来自产品的各个方面，用户接触产品相关的每个环节都有可能让用户产生情绪变化。所以情感化设计应该渗透到产品中，并非属于某一个环节。

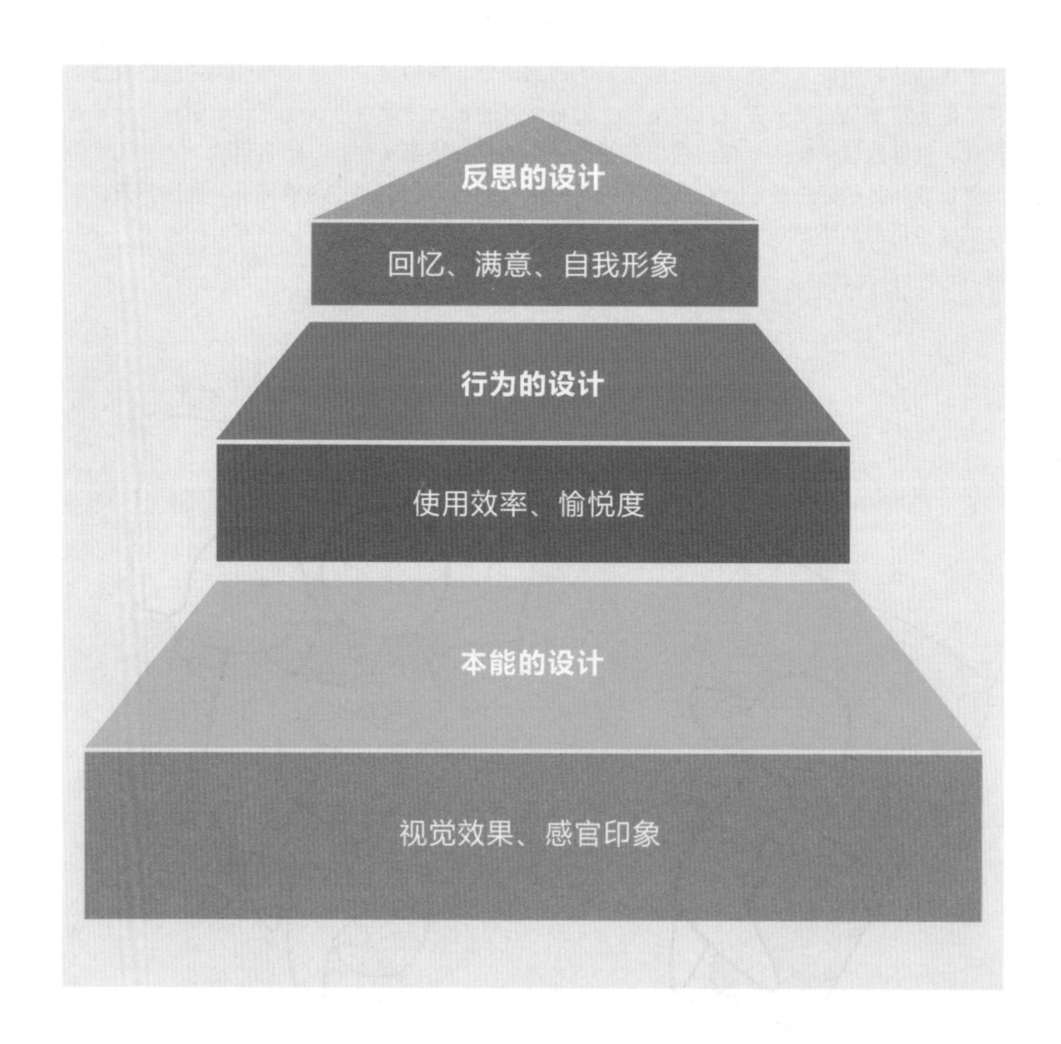

3. 情感化设计的运用

在体验一款新游戏时，我们首先关注的是视觉效果，也就是本能的设计。刚接触这款游戏时，我们会在意它的画面风格，它的场景、角色、道具等画面UI风格是不是自己喜好的类型。当我们继续玩游戏时就进入了行为的设计，我们会在意游戏的操作体验，游戏的交互部分很大程度会影响我们对游戏的喜厌程度，假如游戏的操作不符合我们的认知，我们可能就不会继续玩。最后就是反思设计，也许我们会被游戏的剧情任务勾起一些回忆，或代入游戏角色与虚拟世界的事物产生共鸣，这就达到了情感的层次。当然有时候产品也不需要做那么多复杂的设计，仅仅靠本能的设计，也能唤起用户的情绪变化。例如，谷歌节假日的搜索界面，使用视觉效果渲染出节日当天的气氛，或是在你生日时为你准时送到的小贺卡，这些会让你心中激起一股暖流的贴心小设计，都是情感化设计的范畴。

利用情绪影响行为这一特征，从而影响用户做事情的动机，这就是情感化设计。它不仅可以满足用户的基本需求，长期内还可以满足用户生理的、心理的、精神的和感情的需求。想把用户体验与用户情感有效地结合并发挥到极致，需要的是体验设计师与产品团队人员的不断探索与追求。

4.3.2 实战：情感化蕴含在细节中

那些能引起用户共鸣、唤起用户思考的设计，往往并没有那么张扬、高昂，产品的一些小细节会不经意让你触动心弦，这才是情感化的力量。

Azendoo客户端是个项目管理应用，可以提高办公效率。在日常枯燥的项目中，偶尔有一些小插画可以唤起用户的新鲜感，让工作不再那么乏味。

Azendoo的通知页面中，当页面无通知内容时，会出现一个钟的插画，用大的文字以口语化的形式提醒用户没有通知内容。下面的描述很有趣——“你当前的工作空间很安静，做一些行动就可以敲响这个钟”。图片加文字本是很常见的元素，但是在插图与文字描述中融入了人的情感，使得整个“气氛”活了起来。

消息页面中，如果没有记录，空白页绝不会令用户感到无聊。插图中两个人的对话有表情、图片、视频等样式，提示语“让我们私下聊天，并且是一个超级的私人空间”。听上去会感觉振奋人心，激发用户的使用欲望。

活动页面中，当网络异常时，插画中的小人在孤岛中与外界失去了联系，提示语很调皮地说“保持冷静，生个火并刷新一下”。页面营造出一个意境，用户可能会置身于这个意境之中，一个冰冷的网络异常情况变得更有故事、更有情感。

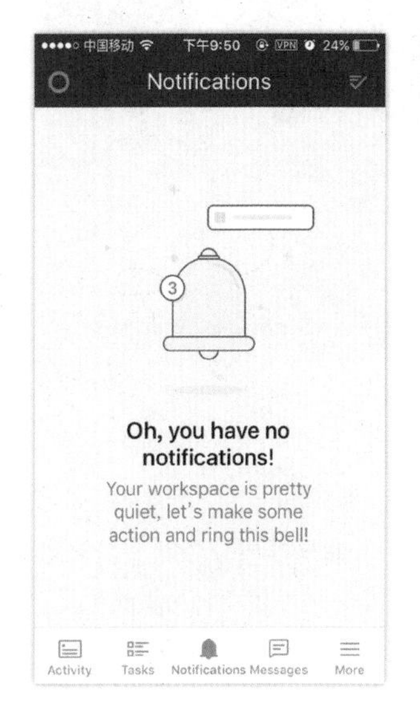

Azendoo iOS客户端2.13.1

谷歌日历客户端中，日历的显示方式默认为日程的排列方式。这种排列方式中每个月份都有一幅插画，按照一年四季的变化节奏，翻完所有月份可以感受到春夏秋冬的更替。每一个月份给用户带来的感觉都是新鲜的，相对于文字信息而言，人们更容易被图片所吸引，人类大脑处理图片信息比文字信息快6万倍左右。抓住这个特点，谷歌并没有在画面中多加文字，简洁的画风，更容易唤起人们对当前月份的印象。进行向下浏览时，插画向上滚动的幅度很小，有一种透过小窗口看风景慢慢逝去的感觉，因为插画的内容并没有被完全显示，随着用户滑动时才能看清楚全部插画的内容。

谷歌日历 iOS客户端1.3.1

在谷歌日历客户端中添加目标任务，让我们更好地管理和规划时间，不要说没有时间，是我们不懂得管理时间。谷歌把目标分为：锻炼、培养技能、朋友和家人、私人专属时间、规划生活，基本覆盖了我们工作之余对时间的需求。每种目标对应的插画，都能简单明了地体现该主题，并且能引发用户对时间的反思。谷歌用简单的插画，表现了目标场景的意境。融入了用户的认知，用户容易被气氛所感染，唤起用户由视觉感官往精神层次的升华。

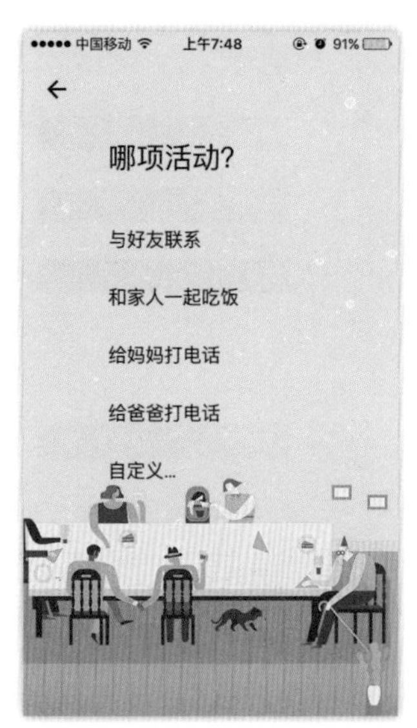

谷歌日历 iOS客户端1.3.1

谷歌日历中选择目标任务之后，继而展开选择子目标，确定子目标之后，再选择频率等相关信息，最后谷歌日历会推荐适合的时间以提醒用户。每个子目标都有不同的插画，当进入下一步时，插画会露出一点，直到创建结束，插画才被完整地显示出来。谷歌一方面是利用用户的好奇心激发用户完成创建，另一方面是插画内容本身对目标有引导作用，使得用户认可所创建目标的意义所在。即使没有创建成功，但也达到了让用户反思的作用，让用户想起家人和朋友，从而花时间去关心他们。而不只是形式上创建一个提醒，这才是情感化的力量。

谷歌日历 iOS客户端1.3.1

Dropbox客户端欢迎页面以4个场景的小动画进行，引起用户对场景资料传输存在痛点的思考，当用户离开了舒适的办公环境，在公交、火车、飞机上都能进行资料传输，体现了Dropbox的便携性，工作效率更高。小场景动画抓住用户痛点与用户产生共鸣，燃起用户的使用欲望。

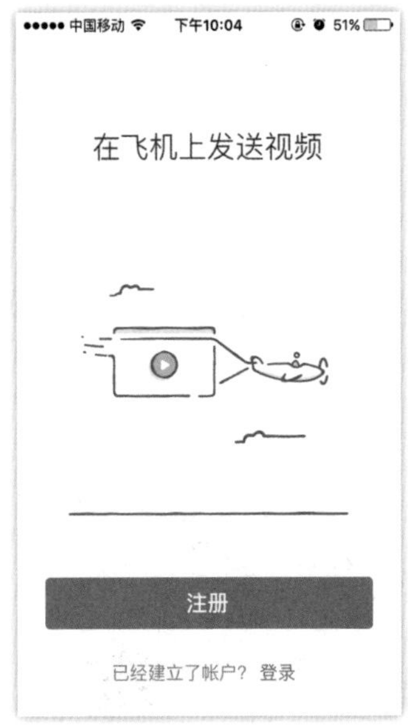

Dropbox iOS客户端7.2

Dropbox客户端的空白页并没有让用户感到很诧异，反而会让用户感到温暖。最近使用、文件、照片、离线等标签页的空白提示插画与Dropbox欢迎页面的画风一致，也呼应了前面所讲的便携性。空白页并没有让用户停下来，而是使用情感化的方式鼓励用户行动起来。

Dropbox iOS客户端7.2

以上都是偏“静态”的案例，相对于图片，人们又更容易被视频内容所吸引。Spotify客户端在欢迎页中，使用了5段小视频，配合文字把Spotify的功能特性展现出来：多终端的互动、发掘喜欢的音乐、搜寻喜欢的艺人、配合跑步的节奏、收藏音乐库等。

透过视频我们可以感受到Spotify音乐给我们生活带来的乐趣，仿佛可以听见那些动人的旋律和扣人心弦的歌词。音乐在生活中是一种催化剂，让我们的生活变得更加精彩。音乐是一种艺术，它源于生活最终也回归生活，产品特性以视频的形式展示出来，更富情感感染力，这才是用户喜闻乐见的。

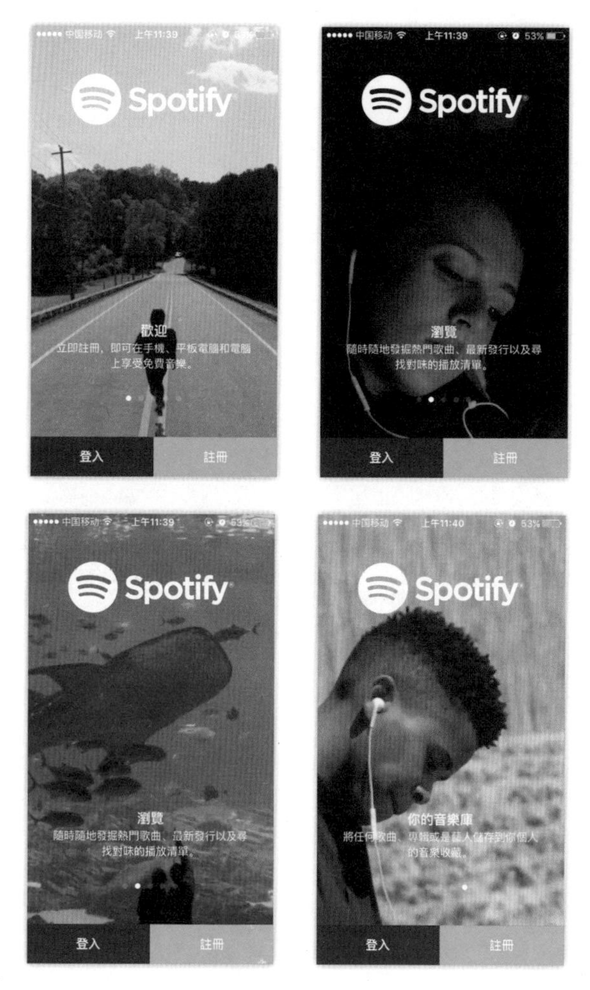

Dropbox iOS客户端7.2

情感化除了要有内容与含义，还需考虑用户的认知，结合用户背景才能真正做到打动用户，勾起用户对情感层次的反思。在同一款产品中，情感化的风格与规范都必须高度一致，让用户不易分神，聚焦于内容而产生共鸣。

体验创新的探索

5.1 未来交互设计趋势——动态设计

当前互联网产品中多数产品的存在形式都是静态的，一些网站的内容就像陈设品一样被摆在一个个橱窗中，用户在使用它们的时候就像在眼花缭乱的橱窗中寻找自己想要的陈设品。或许存在一种方式能让网站从本质上更加简洁、更贴近用户、更能让用户轻易地达到用户目标，这就是动态设计。

5.1.1 什么是动态设计

首先动态设计既不是动效设计也不是动画设计，与前两者不同，动态指的是信息内容的变化，而不仅是一张图像或者页面的改变。信息内容是主体，是服务价值的呈现，UI只是辅助信息展示，不能代替信息内容，随着轻量级UI的到来，动态信息设计将会被重视。动态设计致力于抓住用户的目标，并根据用户自身的背景信息，展示出符合用户目标或用户预期的信息内容。动态设计会随着用户的操作行为、使用时间、地域位置、用户偏好等综合信息，调整出相应的信息内容展示，不再像过去那么一成不变，内容的变化可以满足用户在不同时间的不同需求。

5.1.2 动态设计也是一种交互方式

动态设计是一种关注情景化的设计，让互联网产品变得更加智能、更加人性化，这种设计对残障人士来说对其帮助会更为明显。动态设计思考的不仅是交互方式的改变，其核心是以人为本、以用户为中心，这里所讲的用户不是泛指的用户群，会比用户群更聚焦于小众用户甚至是个人用户。或许在以后，不同的用户浏览同一个网页时，每个人看到的网页服务展现方式都是不一样的。动态设计本身就是一种交互方式，与其他交互方式一样都是以用户为基础，基于用户的操作行为去改变信息内容的呈现方式。

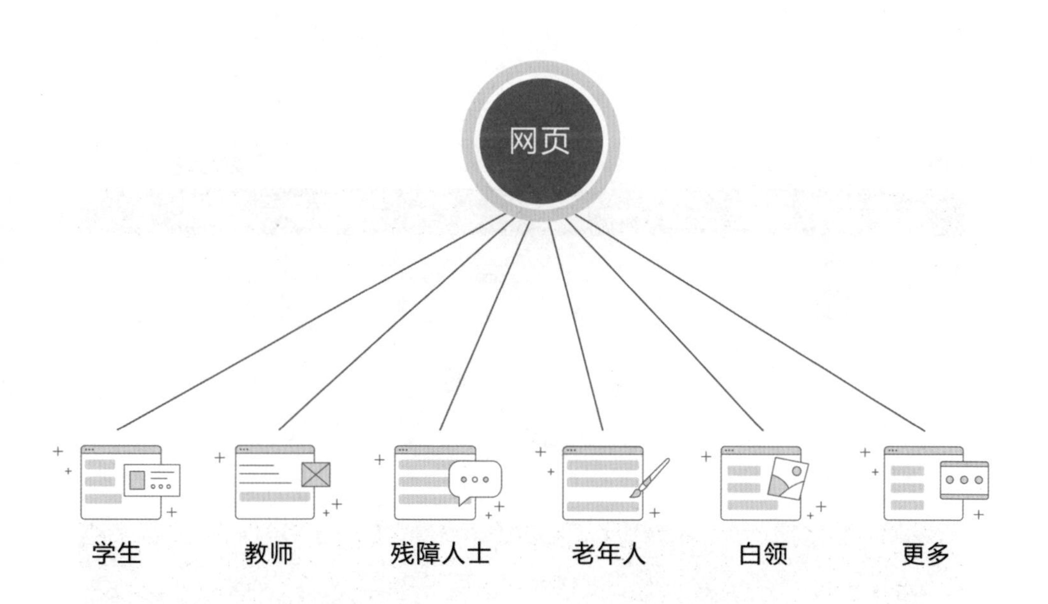

5.1.3 动态设计的表现

美国达拉斯的迪和查尔斯·威利剧院，其设计的伟大之处就在于它可以根据观众人数、表演形式、剧情需要等客观需求，调整观众座位、舞台位置和布局等，设计出一个最符合演出内容的舞台，同时也是最符合观众观赏视角的舞台。威利剧院就是个很棒的动态设计案例，它不像其他剧院那样一成不变，在某个层面上它适应了观众，而不是让观众去适应它。互联网产品的动态设计也随处可见，例如，后台管理操作系统，一般会涉及多个管理员身份，不同身份所展示的信息内容都是不一样的。Pinterest网站，当我们在未登录的时候，随着往下浏览的行为，登录提示会逐步地放大，直到最后展开成为登录页面，这也是一种动态设计的表现，信息内容会随着用户操作而改变。Twitter客户端，通知与私信在未收到消息之前的提示会一直存在，当收到消息之后，提示内容会自动消失，这是信息内容随着用户使用发生的改变。

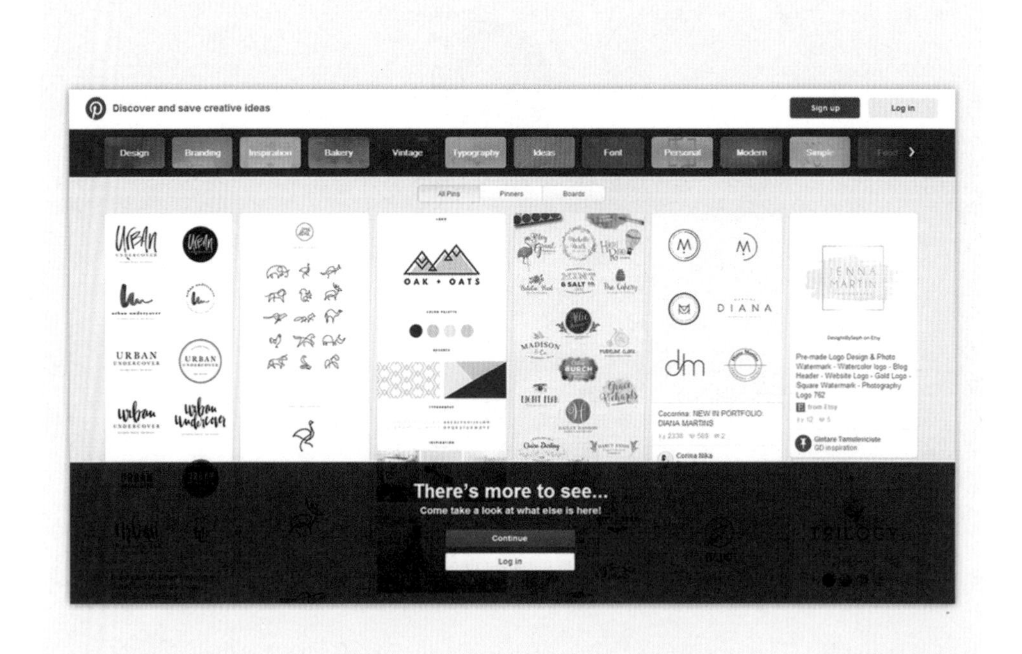

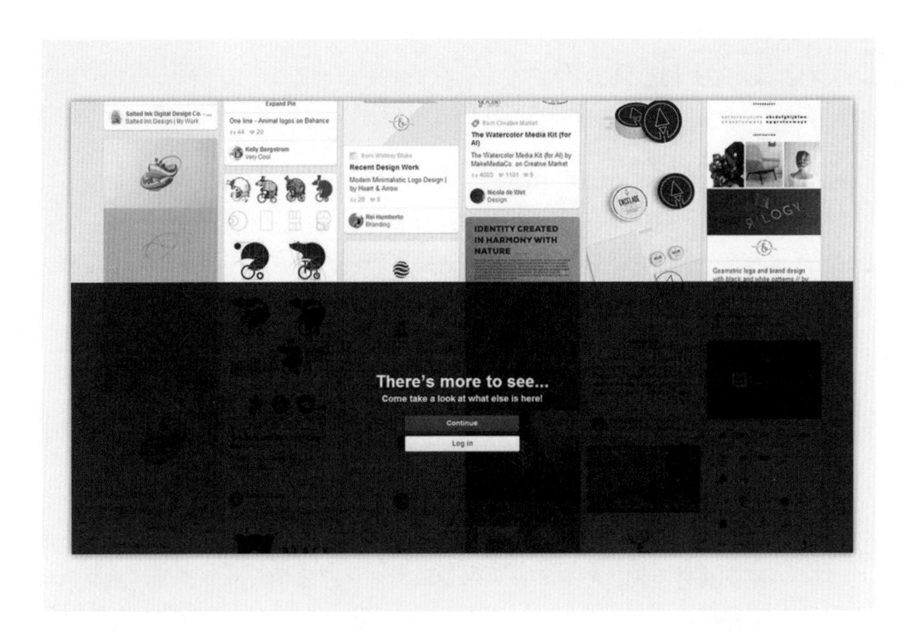

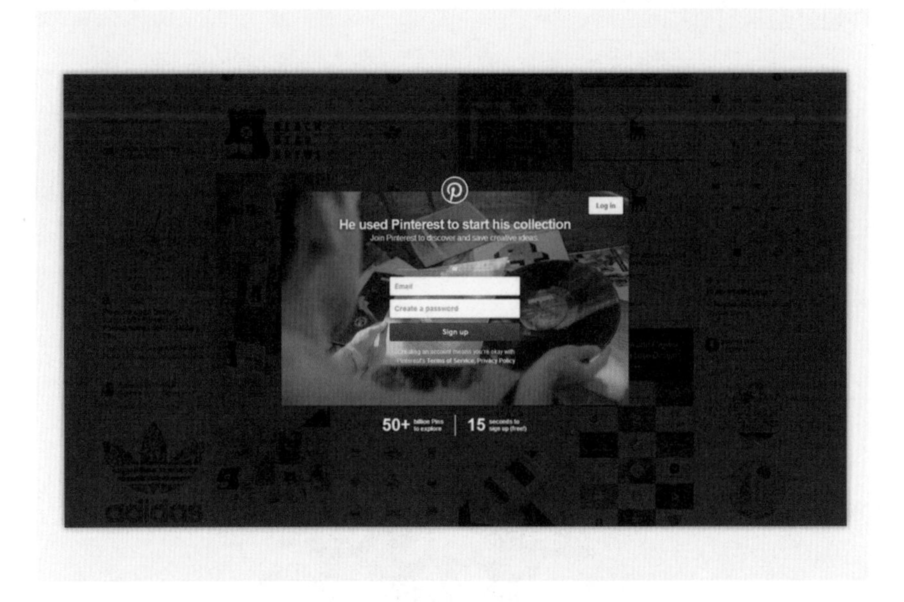

虽然动态设计在互联网产品中存在着，但目前它的存在方式并不具备革命性。或许在之后我们可以看到设计上更加激进的做法，如用户多次访问页面之后非常熟悉该页面，就可以把网页的基本建设甚至网页的LOGO都隐藏起来，因为网页的服务、品牌已经深入到用户内心，用户能轻易从服务中感知品牌的存在。而减少这些不必要的元素可以让动态设计发挥出它更大的存在价值。随着日后大数据的发展及应用，相信动态设计将能发挥出更大的潜力。

5.2 人工智能时代

5.2.1 婴儿智能交互产品

随着“人工智能”数字化产品的蓬勃发展，越来越多的交互产品从原来的“屏幕”媒介解脱出来，以新的形式的存在，如VR设备以及各种可穿戴设备，以个体或搭配客户端App使用，成为人们日常生活的辅助产品。智能产品在生活当中随处可见，智能婴儿产品也不例外，各式各样与婴儿相关的新智能产品不断涌现。但是这些数字化产品的背后，是否都是直接奏效？从父母和婴儿的角度看来，父母与婴儿的需求是否都可以得到满足？婴儿智能产品设计是否有存在的意义？它对婴儿感知及其他各方面发展有何帮助？在本节中，我们将探讨并尝试解决婴儿哭声需求以及父母方存在的问题。

本文所提及的婴儿是指0~2周岁阶段的婴儿。在心理学的分类里，婴儿可分为多个时期，并且每个时期都具有不同的心理和行为特征。如今，孩子的身心健康发展越来越被家长们所重视。特别是在婴儿时期，许多新手父母对婴儿的身心了解还是不够全面。

1. 婴儿的成长环境

随着人民生活水平质量的提高，家长们热切关注宝宝的培养和教育等方面的问题。从开始受孕、胚胎发育、产前护理、分娩到婴儿的过程，宝宝的教养成了新一代新家长们的一项事业。当今的新爸爸妈妈是以“80后”“90后”为主，此用户群受教育程度高，所以他们注重科学性，非常重视宝宝的身体健康、智力以及心理健康发展。而宝宝的性格养成与父母及家庭环境息息相关，新爸爸妈妈也已经意识到这一点。在不同阶段宝宝的不同的需求，是父母需要关心的问题。在婴儿阶段听懂婴儿哭声的含义，解读婴儿哭声背后的需求是新手父母不可回避的问题。

2. 婴儿哭声的含义

婴儿对世界的感知以及心理活动，会通过行为动作表现出来，哭声就是他们表示内心需求的方式。婴儿阶段不会语言，哭是语言的基础，是一种发音方式，是一种运动方式，更是表达他们需求的唯一方式。婴儿的哭声并不是没有规律，可以根据哭声的音调频率、长短间歇、分贝高低以及抽泣等不同的发声条件来判断哭声的需求。

一般来说，婴儿阶段的哭声需求可分为5种：①饥饿哭声。饥饿时哭声音调由小变大，带有循环节奏，不急不缓没有间断；②尿湿哭声。大小便时哭声音调强度较轻，身体辗转不安，故声音源处移动不定，声波起伏不定，但起伏幅度不大；③困倦哭声。音调开始时强烈，哭声微带颤抖，持续不止；④撒娇哭声。声音平缓，声调平稳，偶尔带有微小的颤音；⑤病痛哭泣。声音低沉，持续不止。视病情不同有不同变化，如带有咳嗽或呻吟等声音。

饥饿

饥饿时哭声音调由小变大，有循环的节奏，不急不缓，没有间断。此时应该及时给予喂哺，不然声音会加剧转而吵闹。

困倦

音调在一开始很强烈，哭腔中带着颤抖和跳跃，持续不止。此时可能是由于周围环境嘈杂，需带他到安静的环境拍拍他哄他入睡。

撒娇

撒娇哭声，哭声较为平缓，不会有刺耳或忽然的声调变动，哭声中带有微小的颤音。哭声平和，带有颤音。

尿湿

声音源处移动不定，声波大小起伏但幅度不大。此时的宝宝表情无泪，哭的同时身体翻转不安，如在床上双脚蹬被。

病痛

病痛哭泣，声音低沉持续，视病情不同而有不同,有时伴有短暂咳嗽或呻吟等声音。

3. 发现痛点问题

如今的新手父母虽然可以接受许多新的育儿观念，本身也有着比较高的知识水平，但当面对现实中宝宝呜呜大哭的时候，往往因经验不足而不知所措。还有生活上的小细节也没有注意，例如，喂奶时需要注意宝宝喝的节奏，宝宝不会控制自己的节奏，家长要让宝宝休息一会再喝，不然就容易呛到。大多数新手父母并不知道宝宝哭声的含义，在带宝宝的过程中难免会出现这样那样的问题。宝宝哭有时并不需要马上去哄他，哭多久再喂奶等这些在实际中让新手父母非常头疼的问题，就是带宝宝存在的痛点问题。

另一方面，由于新手父母缺乏经验，会将带宝宝的“重任”交给他们的长辈，但长辈们的育儿经验以及观念比较保守陈旧。如此一来，不但在宝宝的教养方面有所缺陷，还会造成宝宝与其父母生疏，缺乏亲子交流。

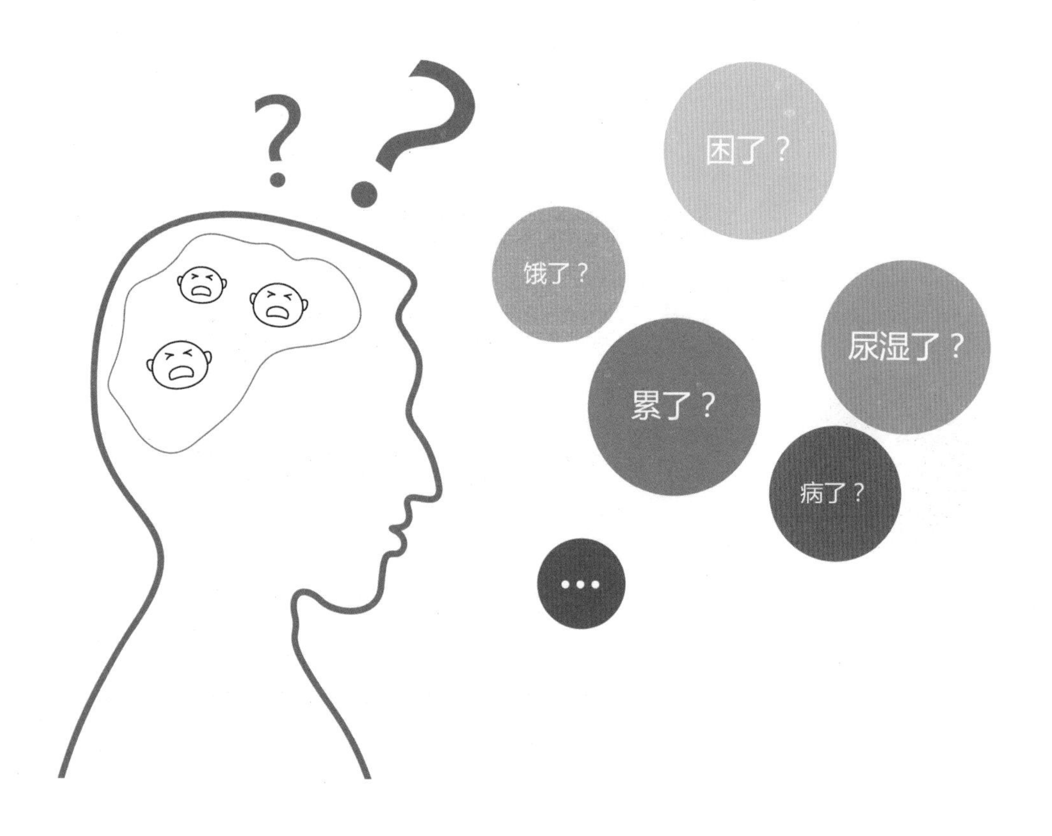

4. 需求转化

新手爸爸妈妈带宝宝存在的问题是多方面的。有自身的不足，也有跟长辈的观念冲突，两者之间还未找到一个比较科学合理的解决方案。哭泣是宝宝的语言，也是学习开口发声的基础。这就需要一个可以帮助父母了解宝宝哭声含义的产品，只有了解自己宝宝的需求，既可以及时地解决宝宝当前的需求，也可以通过观察宝宝一段时期成长，辅助新手爸爸妈妈更快地上手带宝宝以及照顾其生活上的细节。这样，也就为制定符合宝宝个性化心身发展的教育模式打下了坚实的基础。

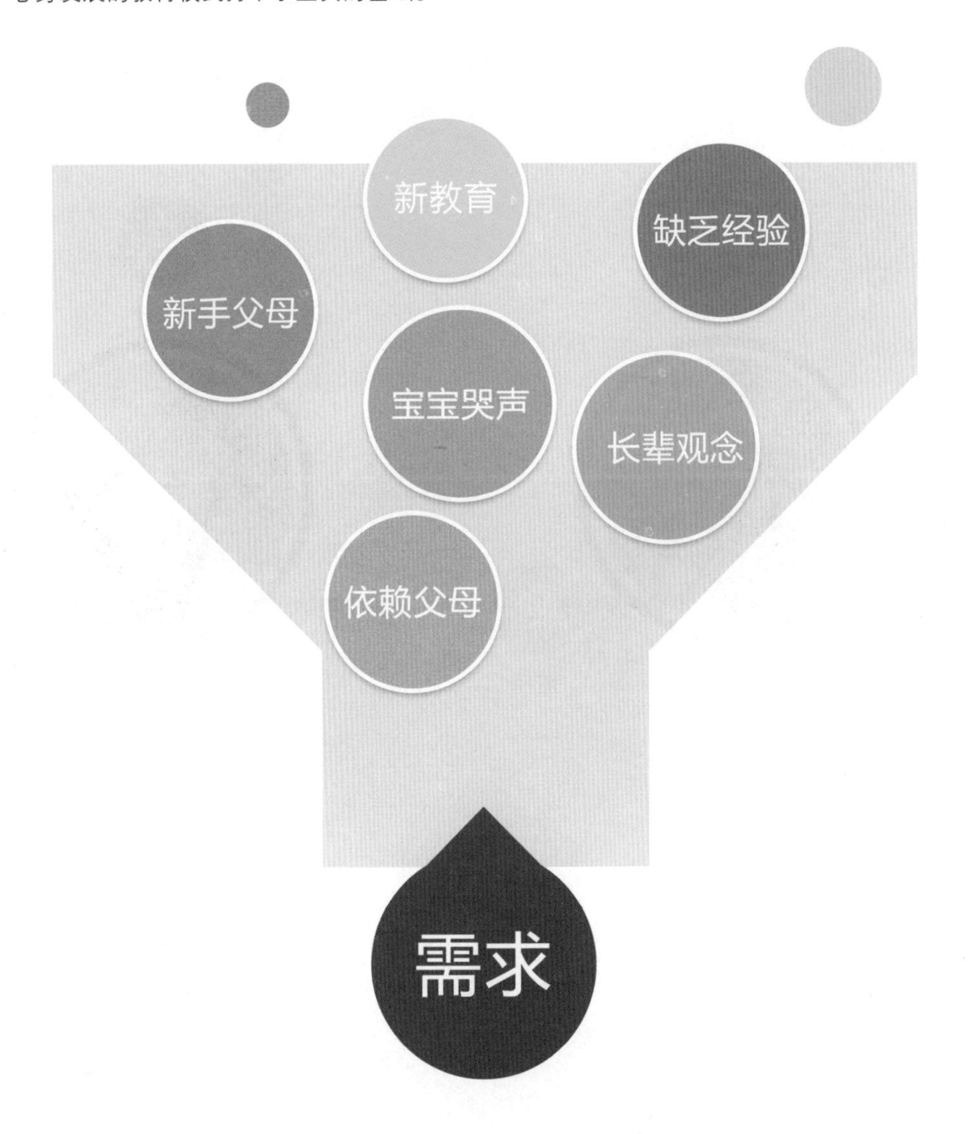

5. 设计概念简述

婴儿智能交互产品分为硬件和软件两个部分。硬件部分即感应器，解读婴儿的哭声，翻译哭声的含义，在婴儿日常用品（枕头、围兜、帽子）上加入感应芯片。多个感应端可适应宝宝的生活场景，根据需要使用不同的产品，形成一个感应系统。及时感应婴儿的哭声，并解码哭声的含义，枕头上有指示灯表示当前宝宝哭声的需求。软件部分即接收端，则感应器发送婴儿需求至家长的手机客户端，通过App家长可以了解宝宝的哭声需求，还可以了解宝宝的睡眠情况，根据哭声记录给予建议等延伸功能。这样就真正意义上做到了软硬结合，监测与提示为一体的设计。

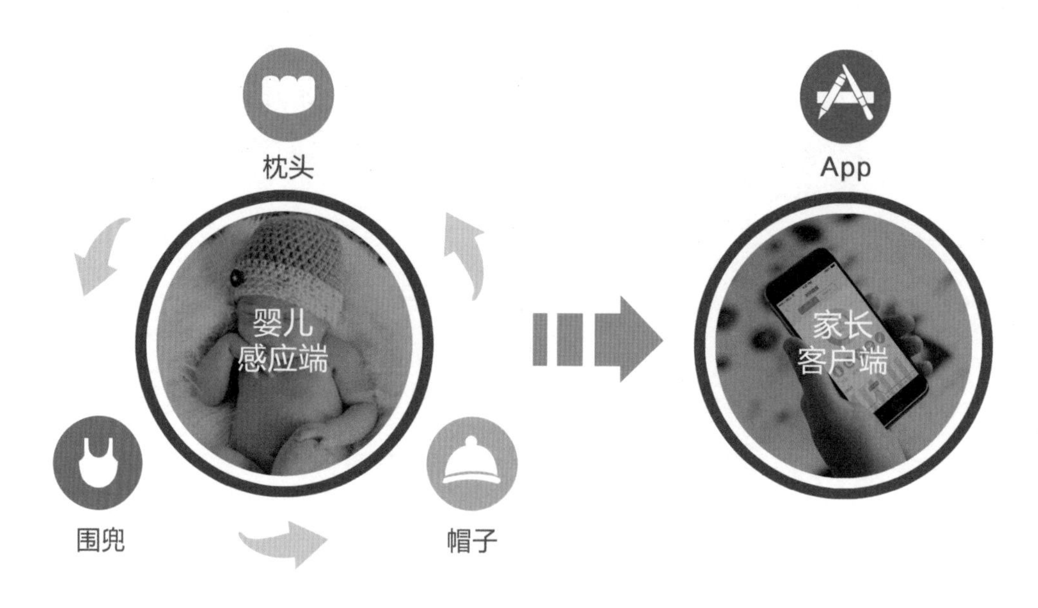

婴儿智能交互产品设计，要在充分考虑婴儿哭声含义的基础上进行，系列产品必须围绕宝宝日常使用的环境需要。家长端使用的App，要符合日常使用App的思维方式，让父母无学习成本，简单而容易上手。更重要的是能将宝宝哭声的信息转化成需求及时传递给父母，父母接收到信息之后会心中有数，按照信息的指引去照顾宝宝。所以，只有做好这一部分设计，才能保证该产品在使用时有充分的可用性。

5.2.2 人工智能与体验设计遐想

人类探索未来的脚步一直没有停止，当今大批创客涌现，人工智能产品更是百花齐放。随着技术与产品的革命，新交互形式的出现，体验设计也在不断变化。实际上体验设计每天都在发生着改变，只要我们观察用户、留心市场、关注新技术，掌握那些正在发生变化的事物或新生事物的规律，就能随时迎接下个变革时代的到来。

1. 体验设计的核心不会改变

无论是什么时代的什么产品，使用什么样的交互方式，就带来什么样的用户体验。体验设计的核心都是一样的，就是以人为本、以用户为中心，注重产品的用户角色与产品的使用场景，确保用户能更快地接近并完成目标。体验设计的一个重点是交互设计，在交互设计中以更加简单有效的方式才能让用户轻松使用产品，无需太多的学习成本。简单来讲，可用性和易用性等原则适用于任何时期的体验设计。

2. 全新的交互形式

当前，无论是苹果设计原则还是谷歌的Material Design设计原则，都是基于“屏幕”媒介的交互形式，主要利用了五感中的视觉、听觉及触觉进行交互，显然还没彻底地把五感发挥到极致。在娱乐上广为使用的体感，即利用肢体动作进行的交互形式也存在着各种缺陷，导致它无法被推广应用到其他领域。在未来可能UI界面会弱化，新的轻量级UI会出现，新交互形式的出现必将是由新技术或新媒介带来的，例如，苹果3D Touch技术的出现就给屏幕媒介带来了新的交互形式，随着更多的人工智能的新媒介出现，交互形式会更加丰富多样。也许在未来，新的交互形式不仅是基于五感和体感的，在日益成熟的生物识别上，也将带来新的交互形式。甚至是人的意识（脑电波），由意识控制产品，给产品输入需求信号，产品与人意识形成的交互形式，也就是人脑与电脑的交互，而不是现在的人与机器的界面交互。

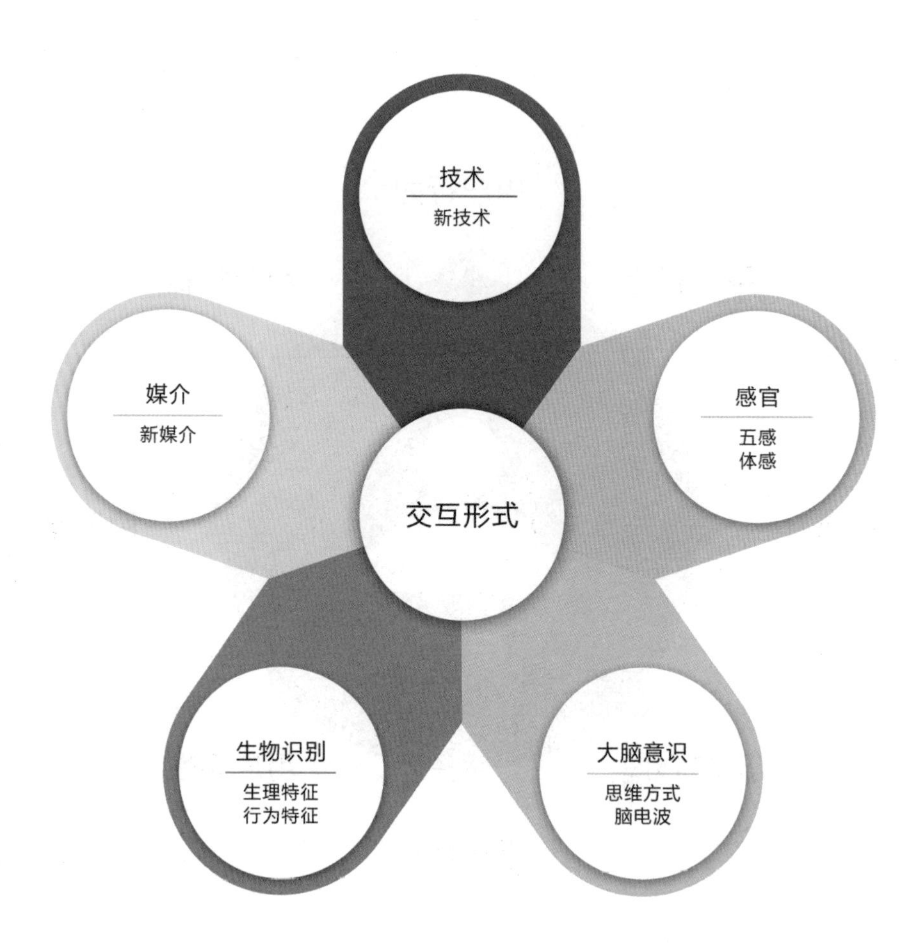

3. 个性化交互的出现

在未来各种新的交互形式已经非常成熟，产品也变得非常人性化。人工智能产品会适应和深度学习用户的使用习惯，不断做出调整，所以可能相同的产品对每个用户都有不同的呈现方式。用户不再像现在一样学习如何使用产品，反之是人工智能产品学习如何适应用户。特别是在信息安全领域，更多的个性化生物识别交互形式会代替各种烦琐密码的输入操作，如指纹、心率、DNA、脑电波等个体特征或状态，通过这些生物特征，每个用户自定义交互形式都不一样。例如，开启密码可能只需要读取用户的脑电波，系统根据综合信息进行判断。用户的隐私问题一直都是让用户十分关注的问题，特别是在日后大数据的时代下，信息安全意识不断增强，新的个性化交互形式可能会随着时代降临。

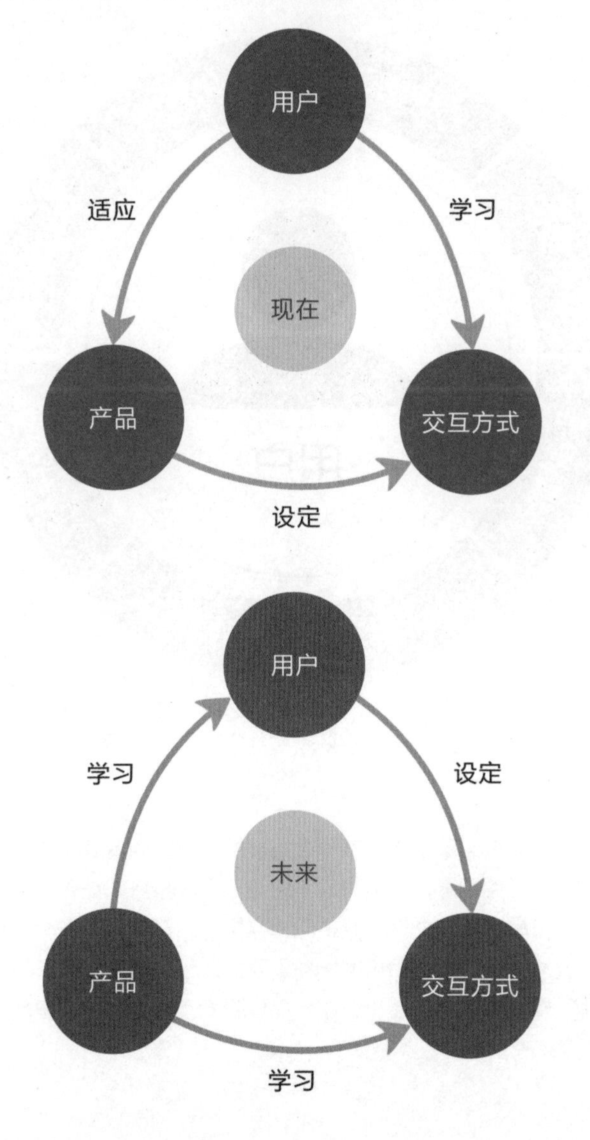

4. 全方位感知用户需求

在未来大数据与人工智能产品成熟之后，用户与身边的任何产品的人机交互会更加自然。产品不仅能轻松地获取用户的生理指标，还可以读懂用户的思维，理解用户潜在的需求，根据用户不同的背景、喜恶偏好等，为用户推荐、提供最适合的服务，全方位地读懂用户的需求。例如，你坐在沙发上感到口渴了，机器人会根据你的生理需求，提前为你准备好你喜欢的橙汁。当你感到口渴的时候这个生理需求会自动发出去，机器人就把刚做好的橙汁递给你。这时你又想看某档电视节目，电视机就会从你的大脑中读取到这个需求，于是自动打开电视机并把频道调到该电视节目上去。

用户体验设计中最多变又是最难的部分就是交互设计，随着各种新交互形式的兴起，用户对产品体验的要求也日益提高，在未来人工智能与大数据将完美融合，产品获取用户的需求会更为直接、更为彻底、更加全面，获得用户需求后，只需用户做个简单的确认，甚至不用再次确认，产品就能给用户提供相应的服务。到那时候，产品该如何与人类发生交互关系以提高用户体验呢？相信体验设计会让智能产品做到真正意义上的“智能”，让产品善解人意，从而读懂用户存在或潜在的各类需求。